剪映AI 视频剪辑

AI脚本+AI绘画+图文生成+数字人制作

龙飞◎编著

化学工业出版社
·北京·

内容简介

10大剪映AI技术讲解+100多分钟教学视频+200多个素材效果文件+800多张精美插图，随书还赠送了140多页PPT课件+40多个提示词等资源，帮助您从入门到精通剪映AI。

AI剪辑：介绍了智能转换视频尺寸、智能处理视频字幕，以及智能调色、抠像、补帧和添加智能美妆效果等内容。

AI音效：介绍了使用AI给文字配音、使用AI改变音色、使用AI实现声音成曲，以及添加AI场景音效果等。

AI脚本：介绍了根据提示词生成视频脚本文案，以及对文案的修改、添加动画效果等。

AI绘画：介绍了从零开始，用AI实现以文生图，以图生图、生视频的方法和效果制作。

AI图片玩法：介绍了用AI制作图片静态、动态效果。

AI生视频：介绍了使用文字成片功能生成视频和后期编辑，以及一键成片和模板生成视频。

AI数字人制作：分别介绍了用剪映电脑版和手机版制作与剪辑AI数字人视频的方法。

本书适合喜欢拍摄与剪辑短视频，特别是想运用AI技术快速进行剪辑、配音、制作爆款短视频效果的人，也适合想自动用文本、图片生成视频，以及想制作AI虚拟数字人的读者，同时也可以作为视频剪辑相关专业的教材。

图书在版编目（CIP）数据

剪映AI视频剪辑：AI脚本+AI绘画+图文生成+数字人制作 / 龙飞编著. —北京：化学工业出版社，2024.4

ISBN 978-7-122-45108-8

Ⅰ. ①剪… Ⅱ. ①龙… Ⅲ. ①视频编辑软件 Ⅳ. ①TP317.53

中国国家版本馆CIP数据核字（2024）第038899号

责任编辑：李　辰　孙　炜　　　　封面设计：异一设计

责任校对：李雨函　　　　装帧设计：盟诺文化

出版发行：化学工业出版社（北京市东城区青年湖南街13号　邮政编码100011）

印　　装：北京瑞禾彩色印刷有限公司

710mm×1000mm　1/16　印张13¼　字数278千字　2024年7月北京第1版第1次印刷

购书咨询：010-64518888　　　　售后服务：010-64518899

网　　址：http://www.cip.com.cn

凡购买本书，如有缺损质量问题，本社销售中心负责调换。

定　　价：88.00元

前 言

※ 写作驱动

随着AI技术的不断发展，剪映AI也迎来了新的革新，从AI抠图到AI绘画、AI特效和数字人制作，剪映不仅提升了AI创作图片的技术，在视频领域也是更进一步，虚拟人技术的出现和成熟，让视频不用真人出镜也能进行讲解。此外，在视频文案方面，也在AI的帮助下变得更简单方便，这些AI技术都大大提高了制作短视频的效率。

在剪映中，用户只需准备好图片或者视频素材，剪映AI就能进行以图生图、以图生视频，套用模板，进行一键成片。即使不用素材，剪映AI也能根据文字描述创作文案，进行文字成片。免去了构思文案、收集素材和剪辑创作的时间，让短视频创作的效率得到了极大的提升。

如今，我国要加快建设现代化产业体系，构建人工智能等一批新的增长引擎，加快发展数字经济，促进数字经济和实体经济的深度融合，以中国式现代化全面推进中华民族伟大复兴。

而在这场AI浪潮中，我们只有主动去学习并掌握相关的技术，才能寻找新的发展机遇，也才能为我国科技创新、坚持创造、建设社会主义现代化科技强国的目标做出自己的贡献。

本书共10章，用100多个剪映AI案例，帮助用户快速掌握剪映AI视频剪辑的核心功能！

※ 本书特色

① 100多分钟的视频演示：本书中的软件操作技能实例，全部录制了带语音讲解的视频，重现书中所有实例操作，读者可以结合书本学习，也可以单独观看视频演示，像看电影一样，让学习更加轻松。

② 100多个干货技巧奉献：本书通过全面讲解剪映AI视频剪辑的相关技巧，包括AI剪辑功能、AI音效功能、用AI生成脚本文案、用AI实现以文生图和以图生图、AI图片玩法、文字成片、一键成片和模板、剪同款，以及制作AI数字人视频等内容，帮助读者掌握剪映AI技巧。

③ 200多个素材效果奉献：随书附送的资源中包括素材文件和效果文件。其中的素材涉及图片、视频和文案等多种类型，应有尽有，供读者使用。

④ 800多张图片全程图解：本书采用了800多张图片对剪映AI短视频剪辑、实例讲解及效果展示，进行了全程式的图解，让实例的内容变得更通俗易懂，读者可以一目了然，

快速领会，举一反三，制作出更多精彩的效果。

⑤ 40多个提示词赠送：为了方便读者快速生成相关的文案和素材，特将本书实例中用到的关键词进行了整理，统一奉送给大家。大家可以直接使用这些提示词和描述词，快速生成相似的效果。

※ 特别提示

（1）版本更新：在编写本书时，是基于当前各种AI工具和软件界面截的实际操作图片，但本书从编辑到出版需要一段时间，这些工具的功能和界面可能会有变动，请在阅读时，根据书中的思路，举一反三，进行学习。其中，剪映电脑版为4.8.0版，剪映手机版为11.9.0版。

（2）提示词的定义：提示词也称为关键字、关键词、描述词、输入词、代码等，网上大部分用户也将其称为“咒语”。

（3）提示词的使用：在剪映中输入提示词的时候，尽量使用中文，因为剪映目前识别不了英文提示词。但需要注意的是，每个关键词中间最好添加空格或逗号。最后再提醒一点，即使是相同的提示词或者描述词，AI模型每次生成的文案、图片或视频内容也会有差别。

（4）关于效果生成：即使是相同的提示文字，剪映每次生成的文案也不一样；即使是相同的文案，剪映每次生成的图片和视频也不一样；即使是相同的图片，剪映每次生成的图片和视频效果可能都会有细微的变动。

（5）关于会员功能：剪映中的大部分AI功能，需要开通剪映会员才能使用，虽然有些功能有免费的次数可以试用，但是开通会员之后，就可以无限使用。对于剪映深度用户，建议开通会员，这样就能使用更多的功能和得到更多的玩法体验。

※ 读者售后

本书由龙飞编著，参与编写的人员有邓陆英等人，提供素材和拍摄帮助的人员还有黄建波、许必文、向小红、苏苏、燕羽、巧慧、向秋萍等人，在此表示感谢。由于作者知识水平有限，书中难免有疏漏之处，恳请广大读者批评、指正，沟通和交流请联系微信：2633228153。

编　者

目录

第1章　剪映的 AI 剪辑功能

随着剪映版本的更新，也带来了更多的人工智能（Artificial Intelligence，AI）剪辑功能，这些功能可以帮助大家快速提升剪辑效率、节省剪辑的时间。本章将为大家介绍一些剪映的AI剪辑功能，包括智能转换视频尺寸、智能处理视频字幕和其他智能剪辑功能等。

1.1 智能转换视频尺寸

利用智能转比例功能可以转换视频的尺寸，快速实现横竖屏转换，同时保持人物主体在最佳位置，自动追踪主体。本节将为大家介绍两种转换视频尺寸的方法。

1.1.1 将横版视频转为竖版视频

扫码看教学视频

【效果展示】：为了获得更好的观看效果，在剪映中可以将横版的视频转换为竖版的视频，这样可以使视频更适合在手机中播放和观看，效果如图1-1所示。

图 1-1 效果展示

下面介绍将横版视频转换为竖版视频的操作方法。

步骤 01 下载剪映手机版之后，点击剪映图标，如图1-2所示。

步骤 02 进入“剪辑”界面，点击“开始创作”按钮，如图1-3所示。

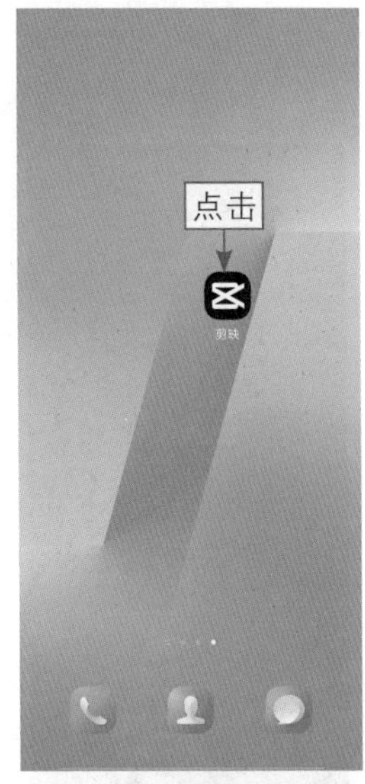

图 1-2　点击剪映图标

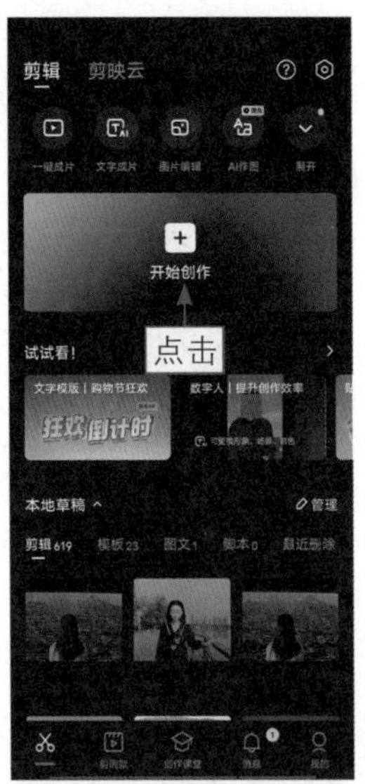

图 1-3　点击“开始创作”按钮

步骤 03 ❶在“照片视频”界面中选择视频素材；❷选中“高清”复选框；❸点击“添加”按钮，如图1-4所示，添加视频。

步骤 04 ❶在编辑界面中选择视频；❷点击“智能转比例”按钮，如图1-5所示。

图 1-4　点击“添加”按钮

图 1-5　点击“智能转比例”按钮

步骤 05 弹出相应的面板，❶选择9：16选项；❷设置“镜头稳定度”为“稳定”，让画面变得稳定；❸点击✓按钮，如图1-6所示，确认操作。

步骤 06 在编辑界面中点击“比例”按钮，如图1-7所示。

图 1-6　点击相应的按钮

图 1-7　点击“比例”按钮

步骤 07 弹出相应的面板，❶选择9：16选项，去除左右两侧的黑边；❷点击“导出”按钮，如图1-8所示。

步骤 08 进入相应的界面，显示导出进度，如图1-9所示。

步骤 09 导出成功之后，点击“完成”按钮，如图1-10所示。

图 1-8　点击“导出”按钮

图 1-9　显示导出进度

图 1-10　点击“完成”按钮

1.1.2　将竖版视频转为横版视频

扫码看教学视频

【效果展示】：如果竖版视频中的上、下部分画面很空，可以使用智能转比例功能，将竖版视频转换为横版视频，效果如图1-11所示。

图 1-11　效果展示

下面介绍将竖版视频转换为横版视频的操作方法。

步骤 01 在剪映手机版中导入竖版视频，❶选择视频；❷点击“智能转比例”按钮，如图1-12所示。

步骤 02 弹出相应的面板，❶选择16：9选项；❷设置“镜头位移速度”为“更慢”，让画面变得稳定；❸点击✓按钮，如图1-13所示，确认操作。

图 1-12　点击“智能转比例”按钮

图 1-13　点击相应的按钮

步骤 03 在编辑界面中点击“比例”按钮，如图1-14所示。

步骤 04 弹出相应的面板，❶选择16：9选项，去除上、下部分的黑边；

❷点击“导出”按钮，如图1-15所示，导出视频。

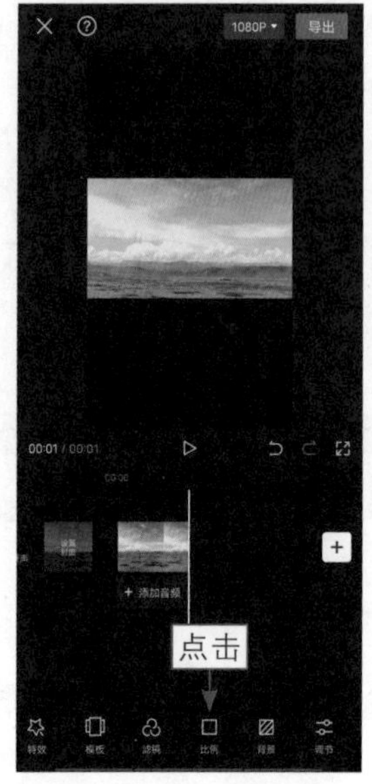

图 1-14　点击“比例”按钮

图 1-15　点击“导出”按钮

1.2　智能处理视频字幕

剪映提供了智能视频字幕功能，可以快速为视频添加字幕，节约手动输入字幕的时间。本节将为大家介绍相应的操作方法。

1.2.1　智能识别字幕

扫码看教学视频

【效果展示】：运用智能识别字幕功能识别出来的字幕，会自动生成在视频下方，不过需要视频中带有清晰的人声音频，否则识别不出来，效果如图1-16所示。

图 1-16　效果展示

下面介绍智能识别字幕的操作方法。

步骤 01 在剪映手机版中导入视频，点击“文字”按钮，如图1-17所示。

步骤 02 在弹出的二级工具栏中，点击“识别字幕”按钮，如图1-18所示。

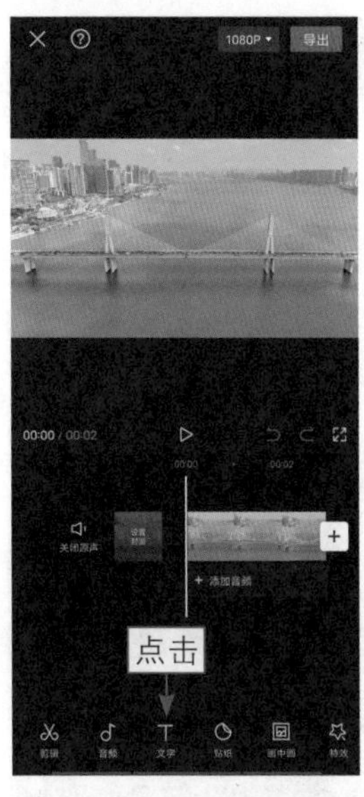

图 1-17　点击“文字”按钮

图 1-18　点击“识别字幕”按钮

步骤 03 弹出“识别字幕”面板，点击“开始匹配”按钮，如图1-19所示。

步骤 04 识别出字幕之后，点击“批量编辑”按钮，如图1-20所示。

图 1-19　点击“开始匹配”按钮

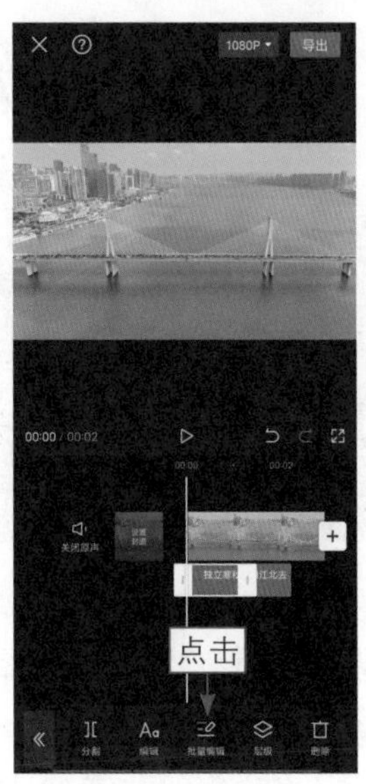

图 1-20　点击“批量编辑”按钮

步骤 05 弹出相应的面板，❶选择第1段字幕；❷点击Aa按钮，如图1-21所示。

步骤 06 ❶在“样式”选项卡中选择一种样式；❷设置“字号”参数为8，放大文字，如图1-22所示。

图 1-21　点击 Aa 按钮

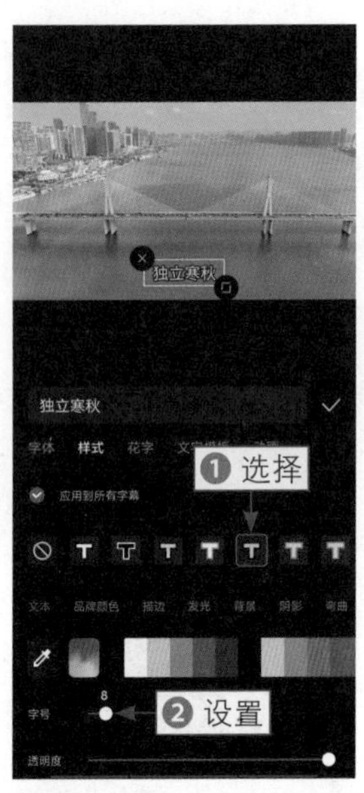

图 1-22　设置“字号”参数

1.2.2　智能识别歌词

扫码看教学视频

【效果展示】：如果视频中有清晰的中文歌曲，可以用识别歌词功能，识别出歌词字幕，并添加相应的样式，效果如图1-23所示。

图 1-23　效果展示

下面介绍智能识别歌词的操作方法。

步骤 01 在剪映手机版中导入视频，点击“文字”按钮，如图1-24所示。

步骤 02 在弹出的二级工具栏中，点击“识别歌词”按钮，如图1-25所示。

图 1-24　点击“文字”按钮

图 1-25　点击“识别歌词”按钮

步骤 03 弹出“识别歌词”面板，点击“开始匹配”按钮，如图1-26所示。

步骤 04 识别出歌词字幕之后，点击“批量编辑”按钮，如图1-27所示。

图 1-26　点击“开始匹配”按钮

图 1-27　点击“批量编辑”按钮

步骤 05 弹出相应的面板，❶选择第1段字幕；❷点击Aa按钮，如图1-28所示，在句子之间输入空格，剩下的歌词，根据歌词原文，更改错误的字词。

步骤 06 ❶切换至“字体”选项卡；❷选择合适的字体，如图1-29所示。

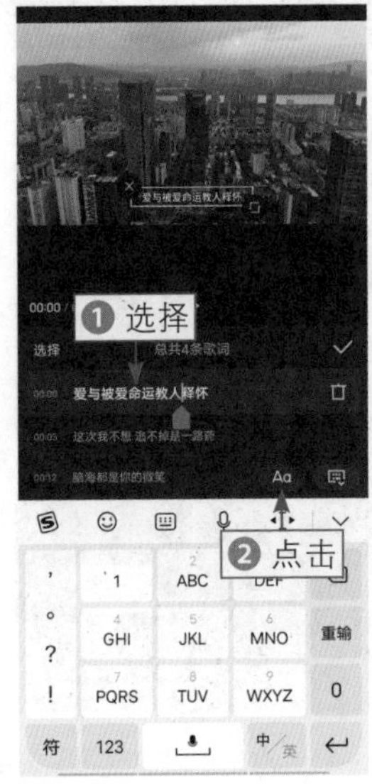

图 1-28　点击 Aa 按钮

图 1-29　选择合适的字体

步骤 07 ❶切换至“样式”选项卡；❷设置“字号”参数为6，微微放大文字，如图1-30所示。

步骤 08 ❶切换至“动画”选项卡；❷选择“卡拉OK”入场动画；❸选择橙色色块，更改文字颜色，如图1-31所示。

图 1-30　设置“字号”参数

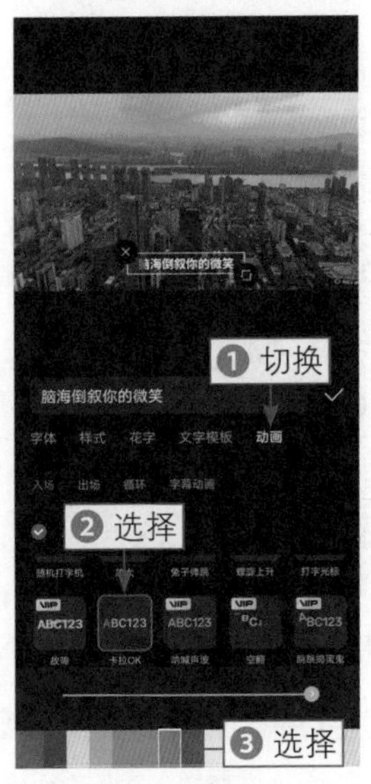

图 1-31　选择橙色色块

1.2.3　智能文稿匹配

扫码看教学视频

【效果展示】：有时候，运用识别字幕功能识别出来的字幕有错误，而逐字更改又非常占用时间。那么，应该如何提升识别正确率？运用剪映电脑版的文稿匹配功能（目前剪映手机版还未更新该功能），就能快速添加正确的字幕，效果如图1-32所示。

图 1-32　效果展示

下面介绍使用文稿匹配功能的操作方法。

步骤 01 打开剪映电脑版，在首页单击“开始创作”按钮，如图1-33所示。

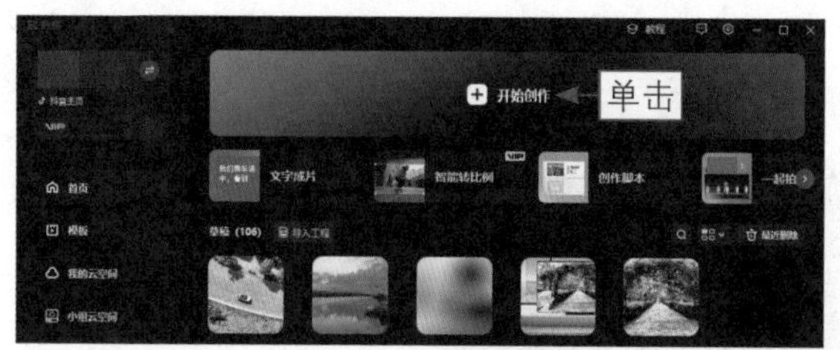

图 1-33　单击“开始创作”按钮

步骤 02 在“媒体”|“本地”选项卡中，单击“导入”按钮，如图1-34所示。

步骤 03 弹出“请选择媒体资源”对话框，❶选择视频素材；❷单击“打开”按钮，如图1-35所示。

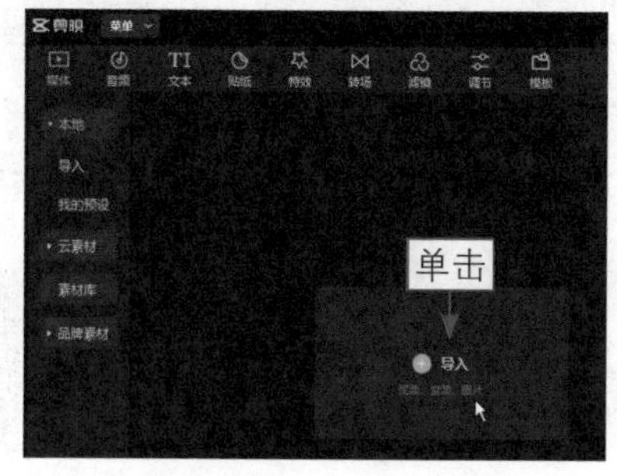

图 1-34　单击“导入”按钮

图 1-35　单击“打开”按钮

步骤04 导入素材后，单击视频右下角的“添加到轨道”按钮，如图1-36所示，把视频素材添加到视频轨道中。

步骤05 ❶单击“文本”按钮，进入“文本”功能区；❷切换至“智能字幕”选项卡；❸在“文稿匹配”选项区中单击“开始匹配”按钮，如图1-37所示。

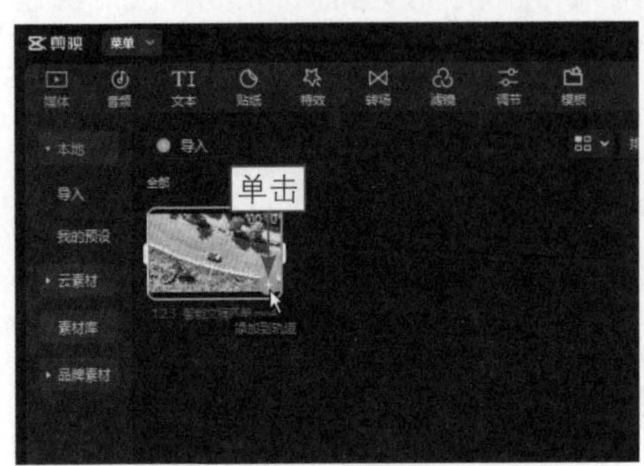

图 1-36　单击“添加到轨道”按钮

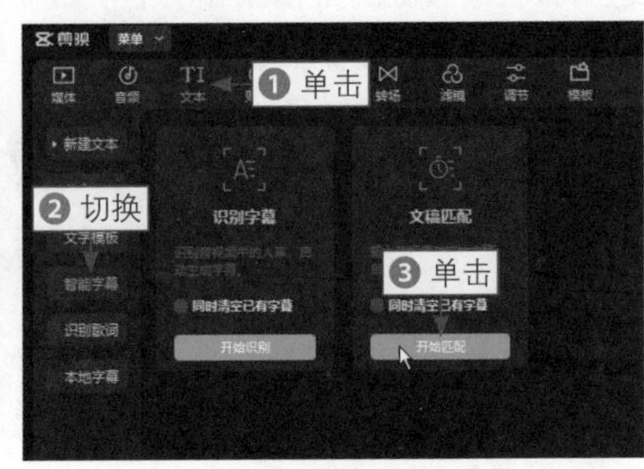

图 1-37　单击“开始匹配”按钮（1）

步骤06 弹出“输入文稿”对话框，❶输入视频对应的音频字幕文案；❷单击“开始匹配”按钮，如图1-38所示。

步骤07 匹配成功之后，在视频轨道上方会自动添加字幕素材，生成字幕轨道，如图1-39所示。

图 1-38　单击“开始匹配”按钮（2）

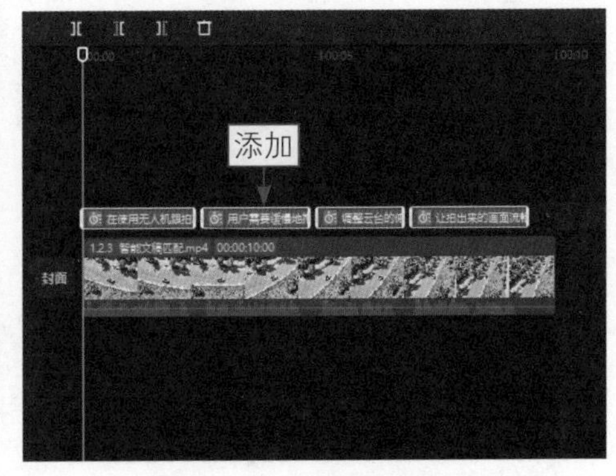

图 1-39　自动添加字幕素材

步骤 08 在“文本”操作区中，❶选择合适的字体；❷设置“字号”参数为6，微微放大文字；❸设置文字的颜色为黑色；❹单击“导出”按钮，如图1-40所示，导出视频素材。

图 1-40　单击“导出”按钮

1.3　其他智能剪辑功能

剪映除了有智能转换视频尺寸和智能处理视频字幕等功能，还有一些其他智能剪辑功能，让剪辑工作更加方便。本节将为大家介绍相应功能的使用方法。

1.3.1　使用智能包装功能

扫码看教学视频

【效果展示】：所谓“包装”，就是让视频的内容更加丰富、形式更加多样，利用剪映中的智能包装功能，可以一键为视频添加文字，进行包装，效果如图1-41所示。

图 1-41　效果展示

下面介绍使用智能包装功能的操作方法。

步骤 01 在剪映手机版中导入视频，点击“文字”按钮，如图1-42所示。

步骤 02 在弹出的二级工具栏中，点击“智能包装”按钮，如图1-43所示。

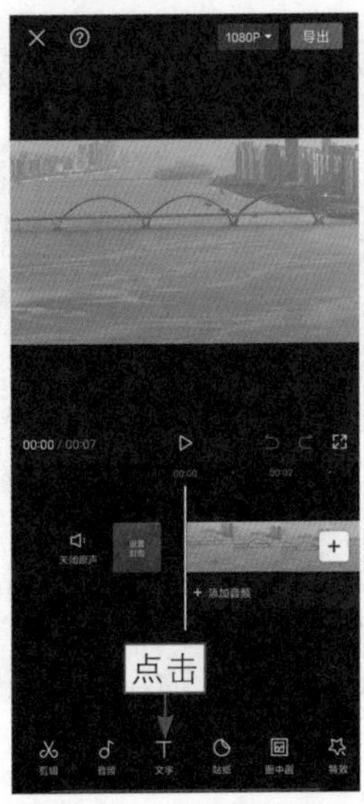

图 1-42　点击“文字”按钮

图 1-43　点击“智能包装”按钮

步骤 03 弹出相应的进度提示，如图1-44所示，稍等片刻。

步骤 04 生成智能文字模板，调整文字的时长，使其与视频的时长对齐，如图1-45所示。

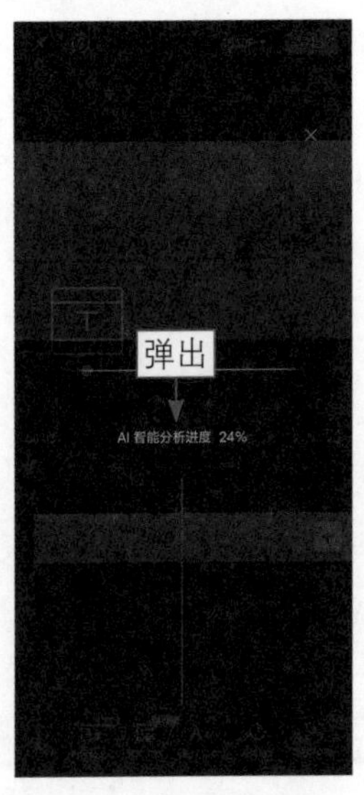

图 1-44　弹出相应的进度提示

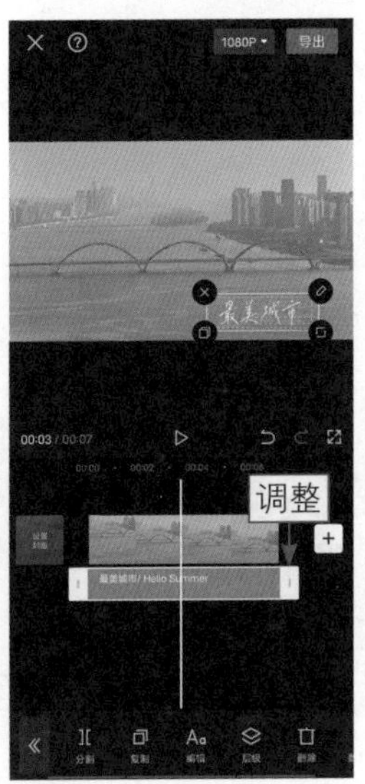

图 1-45　调整文字的时长

1.3.2　使用智能调色功能

扫码看教学视频

【效果对比】：如果视频画面过曝或者欠曝，色彩不够鲜艳，可以使用智能调色功能，对画面进行调色，原图与效果图对比如图1-46所示。

图 1-46　原图与效果图对比

下面介绍使用智能调色功能的操作方法。

步骤 01 在剪映手机版中导入视频，❶选择视频；❷点击“调节”按钮，如图1-47所示。

步骤 02 在“调节”选项卡中选择“智能调色”选项，快速调色，如图1-48所示。

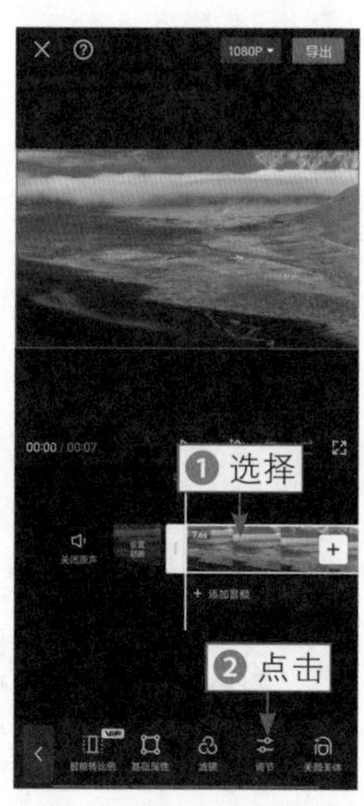

图 1-47　点击“调节”按钮

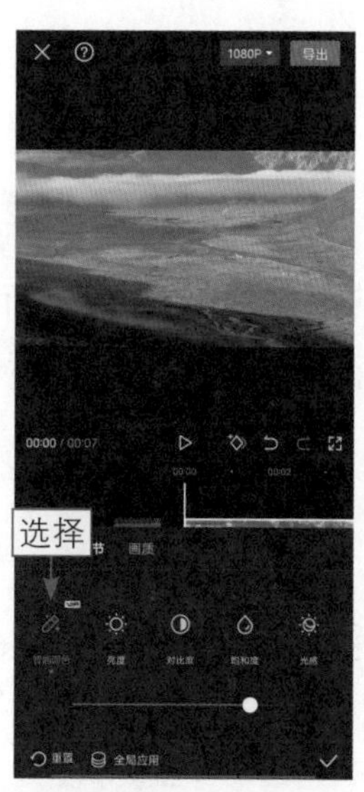

图 1-48　选择“智能调色”选项

步骤 03 设置“饱和度”参数为14，让画面色彩变得鲜艳一些，如图1-49所示。

步骤 04 设置“对比度”参数为22，提升画面的明暗对比，让视频画面更加清晰一些，如图1-50所示。

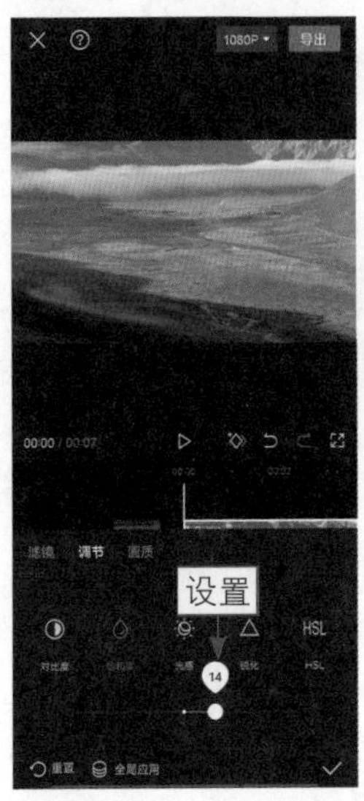

图 1-49 设置“饱和度”参数

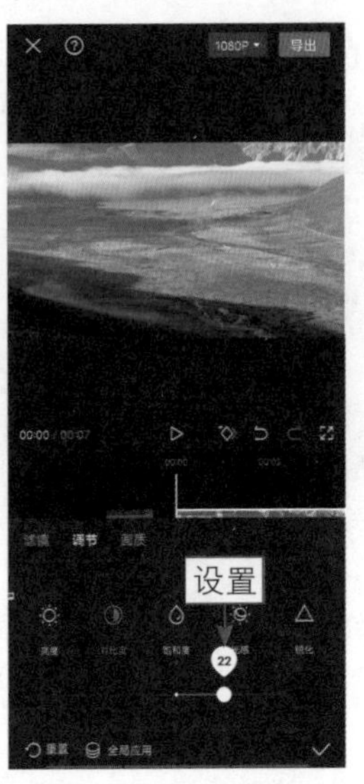

图 1-50 设置“对比度”参数

★ 专家提醒 ★

使用智能调色功能可以优化视频画面，但是还需要根据画面的不足，进行更精细地调整，这样才能获得更精彩的画面效果。

1.3.3 使用智能抠像功能

扫码看教学视频

【效果展示】：使用智能抠像功能可以把人物抠出来，还可以更换视频背景，让人物处于不同的场景中，效果如图1-51所示。

图 1-51 效果展示

下面介绍使用智能抠像功能的操作方法。

步骤 01 在剪映手机版中依次导入人物视频和背景视频，❶选择人物视频；

❷点击“切画中画”按钮，如图1-52所示。

步骤 02 把人物视频切换至画中画轨道中，点击“抠像”按钮，如图1-53所示。

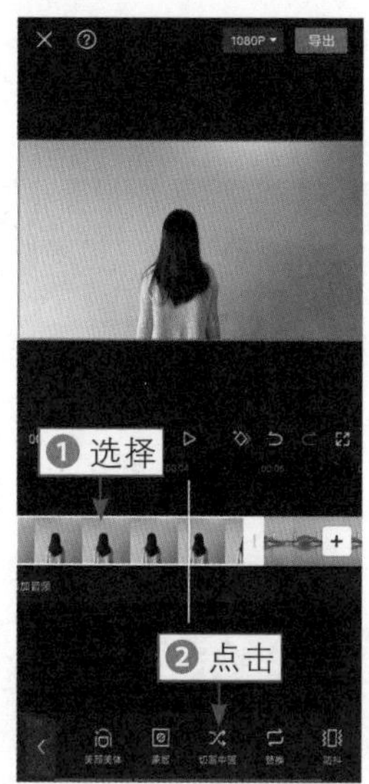

图 1-52　点击“切画中画”按钮

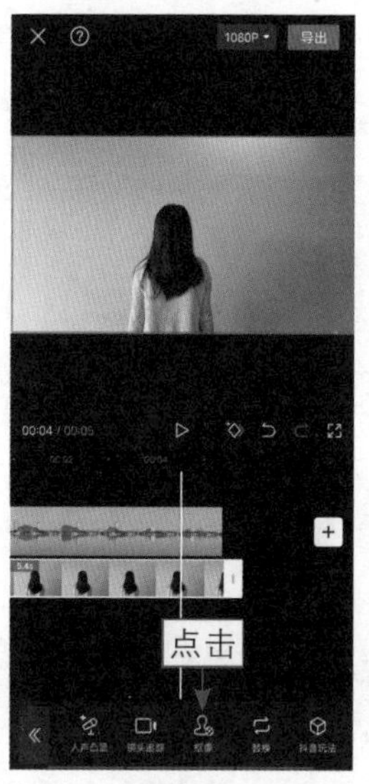

图 1-53　点击“抠像”按钮

步骤 03 在弹出的工具栏中继续点击“智能抠像”按钮，如图1-54所示。

步骤 04 稍等片刻，即可完成视频的抠像处理，更换视频背景，如图1-55所示。

图 1-54　点击“智能抠像”按钮

图 1-55　更换视频背景

1.3.4 使用智能运镜功能

【效果展示】：在抖音中有一些跳舞视频和运镜效果非常酷炫，如何才能制作出这样的效果呢？在剪映中，使用智能运镜功能，可以让视频画面变得动感起来，效果如图1-56所示。

图1-56 效果展示

下面介绍使用智能运镜功能的操作方法。

步骤01 导入视频，❶选择视频；❷点击“镜头追踪”按钮，如图1-57所示。

步骤02 在弹出的工具栏中点击“智能运镜”按钮，如图1-58所示。

图1-57 点击“镜头追踪”按钮

图1-58 点击“智能运镜”按钮

步骤 03 弹出“智能运镜”面板，选择“缩放”选项，如图1-59所示，添加效果。

步骤 04 点击✓按钮，在一级工具栏中点击“特效”按钮，如图1-60所示。

图 1-59　选择“缩放”选项

图 1-60　点击“特效”按钮

步骤 05 在弹出的二级工具栏中点击“画面特效”按钮，如图1-61所示。

步骤 06 ❶切换至“动感”选项卡；❷选择“幻影Ⅱ”特效，如图1-62所示。

图 1-61　点击“画面特效”按钮（1）

图 1-62　选择“幻影Ⅱ”特效

步骤07 点击按钮，继续点击“画面特效”按钮，如图1-63所示。

步骤08 在“动感”选项卡中选择“心跳”特效，如图1-64所示。

步骤09 点击按钮，添加两段特效后，调整其时长，将其与视频的时长对齐，让画面更具动感，如图1-65所示。

图1-63 点击“画面特效”按钮（2） 图1-64 选择“心跳”特效 图1-65 调整特效的时长

1.3.5 使用智能补帧功能

扫码看教学视频

【效果展示】：在一些具有氛围感的视频中，可以使用慢动作效果。在制作慢速效果的时候，可以使用智能补帧功能，让慢速画面更加流畅，效果如图1-66所示。

图1-66 效果展示

下面介绍使用智能补帧功能的操作方法。

步骤01 在剪映手机版中导入视频，❶选择视频；❷点击“变速”按钮，如

图1-67所示。

步骤 02 在弹出的二级工具栏中点击“常规变速”按钮，如图1-68所示。

图 1-67　点击“变速”按钮

图 1-68　点击“常规变速”按钮

步骤 03 进入“变速”面板，❶设置倍速参数为0.2x；❷选中“智能补帧”复选框；❸点击✓按钮，如图1-69所示。

步骤 04 稍等片刻，弹出“生成顺滑慢动作成功”提示，即完成了制作慢动作视频，如图1-70所示。

图 1-69　点击相应的按钮

图 1-70　弹出“生成顺滑慢动作成功”提示

步骤05 在编辑界面中点击“音频”按钮，如图1-71所示。

步骤06 在弹出的二级工具栏中点击“音乐”按钮，如图1-72所示。

图1-71　点击“音频”按钮

图1-72　点击“音乐”按钮

步骤07 进入“音乐”界面，❶切换至“收藏”选项卡；❷点击所选音乐右侧的“使用”按钮，如图1-73所示，添加音乐，还可以在搜索栏中搜索并添加音乐。

步骤08 ❶在视频的末尾选择音频素材；❷点击“分割”按钮，分割音频；❸点击“删除”按钮，如图1-74所示，删除多余的音频素材。

图1-73　点击“使用”按钮

图1-74　点击“删除”按钮

1.3.6　添加AI人物形象特效

扫码看教学视频

【效果展示】：如果用户不想在视频中露出自己的脸，可以添加AI人物形象特效进行“变脸”。这个效果在一些服装测评视频中比较常见，效果如图1-75所示。

图 1-75　效果展示

下面介绍添加AI人物形象特效的操作方法。

步骤 01 在剪映手机版中导入视频，点击“特效”按钮，如图1-76所示。

步骤 02 在弹出的二级工具栏中点击“人物特效”按钮，如图1-77所示。

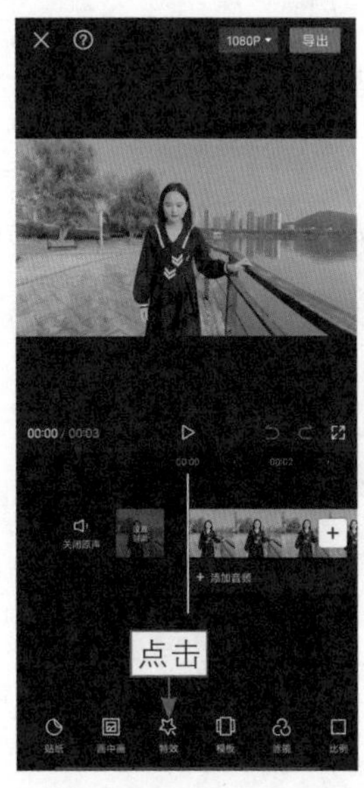

图 1-76　点击“特效”按钮

图 1-77　点击“人物特效”按钮

步骤 03 ❶切换至“形象”选项卡；❷选择“卡通脸”选项；❸点击✓按钮，如图1-78所示。

步骤 04 调整特效的时长，将其与视频的时长对齐，如图1-79所示。

图 1-78　点击相应的按钮

图 1-79　调整特效的时长

1.3.7　添加智能美妆效果

扫码看教学视频

【效果对比】：智能美妆是剪映会员才能使用的效果，使用这个功能可以快速为人物进行化妆，美化面容，原图与效果图对比如图1-80所示。

图 1-80　原图与效果图对比

下面介绍添加智能美妆效果的操作方法。

步骤 01 在剪映手机版中导入视频，❶选择人物视频；❷点击“美颜美体”

按钮，如图1-81所示。

步骤 02 在弹出的工具栏中点击“美颜”按钮，如图1-82所示。

图 1-81　点击“美颜美体”按钮

图 1-82　点击“美颜”按钮

步骤 03 ❶切换至“美妆”选项卡；❷选择“甜心芭比”选项，如图1-83所示。

步骤 04 点击☑按钮，确认添加美妆效果，对人物进行智能美妆，如图1-84所示。

图 1-83　选择“甜心芭比”选项

图 1-84　对人物进行智能美妆

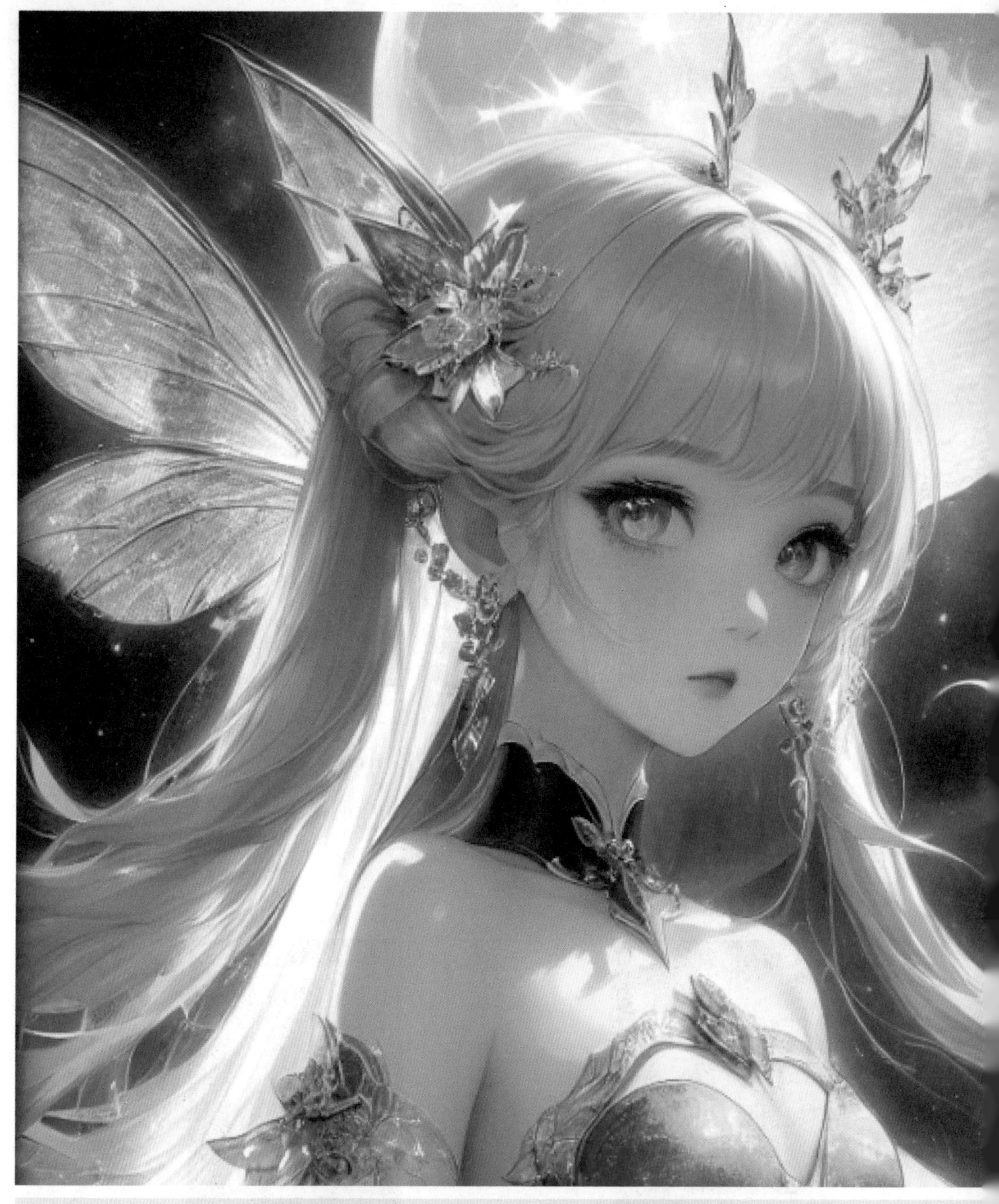

第 2 章　剪映的 AI 音效功能

一段成功的短视频离不开音效的配合，音效可以增强现场的真实感，塑造人物形象和渲染场景氛围。在剪映中，除了可以添加各种音效，还可以使用文字制作声音，打造不同类型的配音音效，以及对音频进行AI处理，让音频有更多的玩法。

2.1　使用AI给文字配音

如果用户不想展示自己真实的声音，就可以使用AI给文字配音，这种配音方式既简单，又方便。本节将为大家介绍配音的方法。

2.1.1　生成"少儿故事"声音效果

扫码看教学视频

【效果展示】：在少儿视频里，可以使用"少儿故事"声音效果进行配音，不仅贴合画面，还能让观众有代入感，视频效果如图2-1所示。

图2-1　视频效果展示

下面介绍生成"少儿故事"声音效果的操作方法。

步骤 01 在剪映手机版中导入视频，点击"文字"按钮，如图2-2所示。

步骤 02 在弹出的二级工具栏中点击"新建文本"按钮，如图2-3所示。

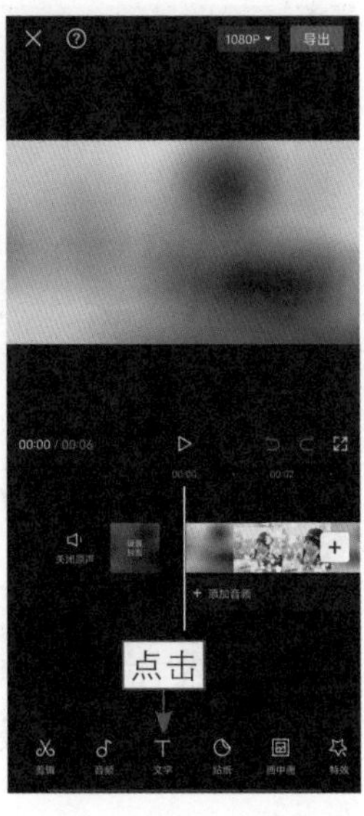

图2-2　点击"文字"按钮

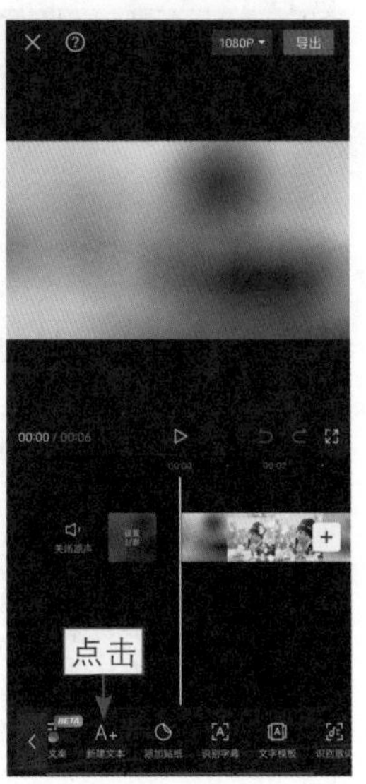

图2-3　点击"新建文本"按钮

步骤 03 ①输入相应的文字内容；②点击✓按钮，如图2-4所示。

步骤 04 生成字幕素材，点击“文本朗读”按钮，如图2-5所示。

图 2-4　点击相应的按钮（1）

图 2-5　点击“文本朗读”按钮

步骤 05 弹出相应的面板，①在“热门”选项卡中选择“少儿故事”选项；②点击✓按钮，如图2-6所示，确认操作。

步骤 06 生成配音音频之后，点击“删除”按钮，如图2-7所示，删除字幕。

图 2-6　点击相应的按钮（2）

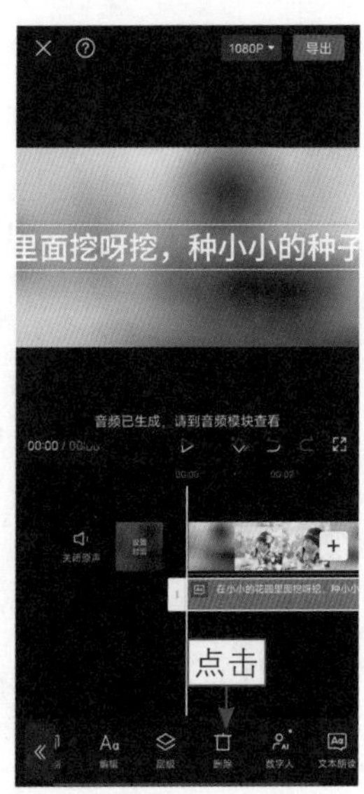

图 2-7　点击“删除”按钮

2.1.2　生成“纪录片解说”声音效果

扫码看教学视频

【效果展示】：“纪录片解说”声音效果适合用在一些客观性较强的视频中，比如可以用在介绍类和说明类视频中，用来介绍景点，视频效果如图2-8所示。

图 2-8　视频效果展示

下面介绍生成纪录片解说声音效果的操作方法。

步骤 01 在剪映手机版中导入视频，点击“文字”按钮，如图2-9所示。

步骤 02 在弹出的二级工具栏中点击“新建文本”按钮，如图2-10所示。

图 2-9　点击“文字”按钮

图 2-10　点击“新建文本”按钮

步骤 03 ❶输入相应的文字内容；❷点击✓按钮，如图2-11所示。文案内容要根据视频的时长进行设置，字数不要过短，也不要过长。

步骤 04 生成字幕素材，点击“文本朗读”按钮，如图2-12所示。

图 2-11　点击相应的按钮（1）

图 2-12　点击“文本朗读”按钮

步骤 05 弹出相应的面板，❶在“热门”选项卡中选择“纪录片解说”选项；❷点击✓按钮，如图2-13所示，确认操作。

步骤 06 生成配音音频之后，点击“删除”按钮，如图2-14所示，删除字幕。

图 2-13　点击相应的按钮（2）

图 2-14　点击“删除”按钮

2.1.3　生成“古风男主”声音效果

扫码看教学视频

【效果展示】：在生成“古风男主”声音效果的时候，需要注意素材的风格，要相互搭配。当音频语速过快的时候，可以用变速功能降速，视频效果如图2-15所示。

图 2-15　视频效果展示

下面介绍生成“古风男主”声音效果的操作方法。

步骤 01 在剪映手机版中导入视频，点击“文字”按钮，如图2-16所示。

步骤 02 在弹出的二级工具栏中点击“新建文本”按钮，如图2-17所示。

图 2-16　点击“文字”按钮

图 2-17　点击“新建文本”按钮

步骤 03 ❶输入相应的文字内容；❷点击✓按钮，如图2-18所示。文案中最好加标点符号，进行断句，这样朗读出来的音频才能有语气停顿。

步骤 04 生成字幕素材，点击“文本朗读”按钮，如图2-19所示。

图 2-18　点击相应的按钮（1）

图 2-19　点击“文本朗读”按钮

步骤 05 弹出相应的面板，❶在“男声音色”选项卡中选择“古风男主”选项；❷点击✓按钮，如图2-20所示，确认操作。

步骤 06 生成配音音频之后，点击“删除”按钮，如图2-21所示，删除字幕。

图 2-20　点击相应的按钮（2）

图 2-21　点击“删除”按钮

步骤07 点击“音频”按钮，❶选择配音音频素材；❷点击“变速”按钮，如图2-22所示。

步骤08 弹出“变速”面板，❶设置参数为0.8x，减慢音频的播放速度；❷点击✓按钮，如图2-23所示。

图2-22　点击“变速”按钮

图2-23　点击相应的按钮（3）

2.1.4　生成“心灵鸡汤”声音效果

扫码看教学视频

【效果展示】：在一些风光类素材中，可以通过添加心灵鸡汤文案并生成“心灵鸡汤”配音效果，用美景和美声来打动观众，视频效果如图2-24所示。

图2-24　视频效果展示

下面介绍生成“心灵鸡汤”声音效果的操作方法。

步骤 01 在剪映手机版中导入视频，点击“文字”按钮，如图2-25所示。

步骤 02 在弹出的二级工具栏中点击“新建文本”按钮，如图2-26所示。

图 2-25　点击“文字”按钮

图 2-26　点击“新建文本”按钮

步骤 03 ❶输入相应的文字内容；❷点击✓按钮，如图2-27所示。

步骤 04 生成字幕素材，点击“文本朗读”按钮，如图2-28所示。

图 2-27　点击相应的按钮（1）

图 2-28　点击“文本朗读”按钮

步骤05 弹出相应的面板，❶在“女声音色”选项卡中选择“心灵鸡汤”选项；❷点击✓按钮，如图2-29所示，确认操作。

步骤06 生成配音音频之后，点击“删除”按钮，如图2-30所示，删除字幕。

图 2-29　点击相应的按钮（2）

图 2-30　点击“删除”按钮

2.1.5　生成“娱乐扒妹”声音效果

扫码看教学视频

【效果展示】：在抖音一些娱乐博主的账号中，会出现很多配音视频，这些视频中使用的配音效果，就是用剪映制作的，视频效果如图2-31所示。

图 2-31　视频效果展示

下面介绍生成“娱乐扒妹”声音效果的操作方法。

步骤01 在剪映手机版中导入视频，点击“文字”按钮，如图2-32所示。

步骤02 在弹出的二级工具栏中点击“新建文本”按钮，如图2-33所示。

图 2-32　点击“文字”按钮

图 2-33　点击“新建文本”按钮

步骤 03 ❶输入相应的文字内容；❷点击✓按钮，如图2-34所示。这类视频的文案非常重要，只要文案切合视频，一般就能收获流量。

步骤 04 生成字幕素材，点击“文本朗读”按钮，如图2-35所示。

图 2-34　点击相应的按钮（1）

图 2-35　点击“文本朗读”按钮

步骤 05 弹出相应的面板，❶在“女声音色”选项卡中选择“娱乐扒妹”选项；❷点击✓按钮，如图2-36所示，确认操作。

步骤 06 生成配音音频之后，点击"删除"按钮，如图2-37所示，删除字幕。

图 2-36　点击相应的按钮（2）

图 2-37　点击"删除"按钮

2.1.6　生成"动漫海绵"声音效果

扫码看教学视频

【效果展示】：在一些比较搞怪、奇趣的视频中，可以使用动漫类的声音效果进行配音，让视频更有亲和力，视频效果如图2-38所示。

图 2-38　视频效果展示

下面介绍生成"动漫海绵"声音效果的操作方法。

步骤 01 在剪映手机版中导入视频，点击"文字"按钮，如图2-39所示。

步骤 02 在弹出的二级工具栏中点击"新建文本"按钮，如图2-40所示。

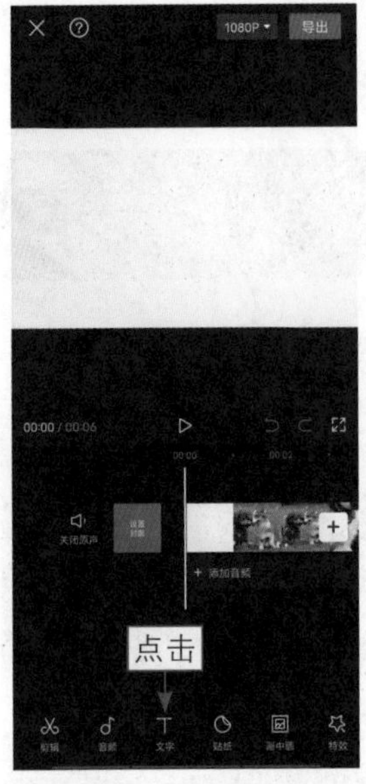

图 2-39　点击“文字”按钮

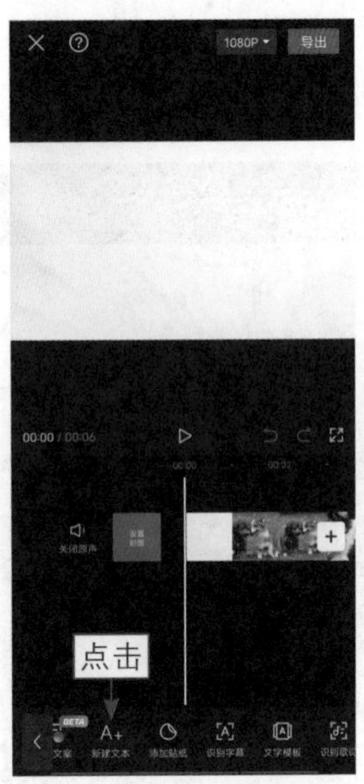

图 2-40　点击“新建文本”按钮

步骤 03 ❶输入相应的文字内容；❷点击✓按钮，如图2-41所示。

步骤 04 生成字幕素材，点击“文本朗读”按钮，如图2-42所示。

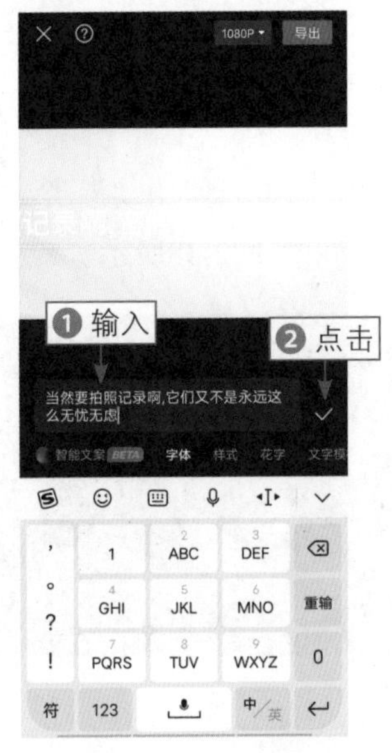

图 2-41　点击相应的按钮（1）

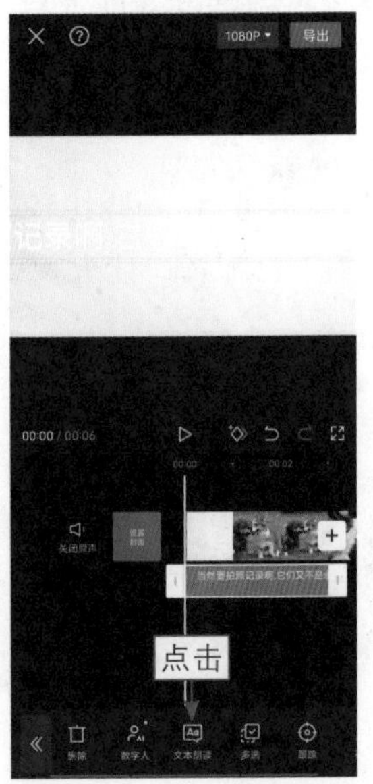

图 2-42　点击“文本朗读”按钮

步骤 05 弹出相应的面板，❶在“萌趣动漫”选项卡中选择“动漫海绵”选项；❷点击✓按钮，如图2-43所示，确认操作。

步骤 06 生成配音音频之后，点击“删除”按钮，如图2-44所示，删除字幕。

图 2-43　点击相应的按钮（2）

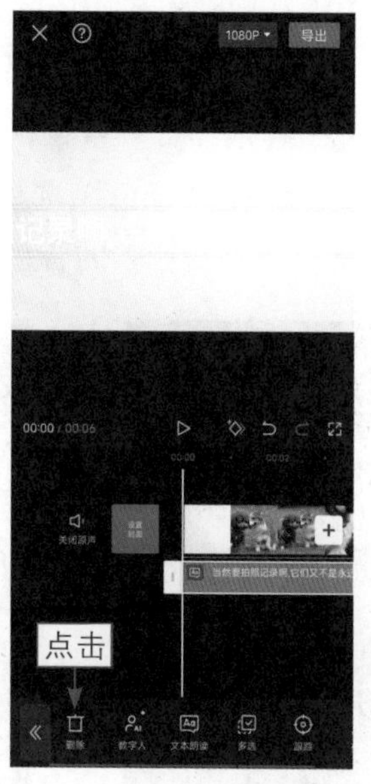

图 2-44　点击“删除”按钮

2.2　使用 AI 进行音频处理

在剪映中，除了使用文字来为视频配音，还可以直接对音频进行AI处理，改变音色、添加场景音和用AI实现声音成曲。本节将为大家介绍相应的操作方法。

2.2.1　使用AI改变音色效果

扫码看教学视频

【效果展示】：如果对自己的原声音色不是很满意，或者想改变音频音色，就可以使用AI改变音频的音色，视频效果如图2-45所示。

图 2-45　视频效果展示

下面介绍使用AI改变音色效果的操作方法。

步骤 01 在剪映手机版中导入视频，❶选择视频；❷点击“音频分离”按钮，如图2-46所示，把音频素材分离出来。

步骤 02 ❶选择音频素材；❷点击“声音效果”按钮，如图2-47所示。

步骤 03 ❶在“音色”选项卡中选择“TVB女声”选项；❷点击✓按钮，如图2-48所示，改变音频的音色效果。

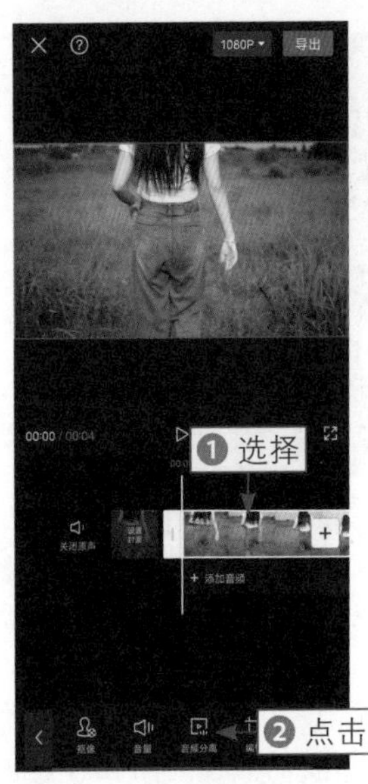

图 2-46　点击“音频分离”按钮

图 2-47　点击“声音效果”按钮

图 2-48　点击相应的按钮

2.2.2　添加AI场景音效果

【效果展示】：在剪映的“场景音”选项卡中，有许多AI声音处理效果，本案例添加的是“环绕音”，让音乐的立体声效果更强烈，视频效果如图2-49所示。

图 2-49　视频效果展示

下面介绍添加AI场景音效果的操作方法。

步骤 01 在剪映手机版中导入视频，❶选择视频；❷点击"音频分离"按钮，如图2-50所示，把音频素材分离出来。

步骤 02 ❶选择音频素材；❷点击"声音效果"按钮，如图2-51所示。

步骤 03 ❶切换至"场景音"选项卡；❷选择"环绕音"选项；❸点击按钮，如图2-52所示，添加场景音效果。

图 2-50　点击"音频分离"按钮

图 2-51　点击"声音效果"按钮

图 2-52　点击相应的按钮

2.2.3　用AI实现声音成曲

扫码看教学视频

【效果展示】：在剪映中，可以使用声音成曲功能，将一段简单的音频对白制作成歌曲，不过这些歌曲形式是偏说唱风格的，视频效果如图2-53所示。

图 2-53　视频效果展示

下面介绍用AI实现声音成曲的操作方法。

步骤 01 在剪映手机版中导入视频，点击“文字”按钮，如图2-54所示。

步骤 02 在弹出的二级工具栏中点击“新建文本”按钮，如图2-55所示。

图 2-54　点击“文字”按钮

图 2-55　点击“新建文本”按钮

步骤 03 ❶输入相应的文字内容；❷点击 ✓ 按钮，如图2-56所示。

步骤 04 生成字幕素材，点击“文本朗读”按钮，如图2-57所示。

图 2-56　点击相应的按钮（1）

图 2-57　点击“文本朗读”按钮

步骤 05 弹出相应的面板，❶在“女声音色”选项卡中选择“知性女声”选项；❷点击✓按钮，如图2-58所示，确认操作。

步骤 06 生成配音音频之后，点击“删除”按钮，如图2-59所示，删除字幕。

图 2-58　点击相应的按钮（2）

图 2-59　点击“删除”按钮

步骤 07 点击“音频”按钮，再点击“声音效果”按钮，如图2-60所示。

步骤 08 ❶切换至“声音成曲”选项卡；❷选择“嘻哈”选项；❸点击✓按钮，如图2-61所示，让声音变成音乐。

图 2-60　点击“声音效果”按钮

图 2-61　点击相应的按钮（3）

第 3 章　用 AI 生成脚本文案

一段优秀的文案能为视频注入灵魂。当你面对一段视频，不知道输入什么文案来表达视频内容、传递信息时，可以使用剪映中的AI功能写文案。剪映甚至还可以智能写讲解文案和口播文案，帮助更多的个人和自媒体运营短视频。

3.1　根据提示词生成视频脚本文案

在剪映中使用AI功能生成文案时，还需要输入一定的提示词，这样剪映才能进行智能分析，并整合出用户所需要的文案内容。本节将为大家介绍相应的操作方法。

3.1.1　文案推荐

扫码看教学视频

【效果展示】：在剪映中使用文案推荐功能的时候，系统会根据视频内容推荐很多条文案，用户只需选择最需要的一段进行使用即可，效果如图3-1所示。

图 3-1　效果展示

下面介绍使用文案推荐功能的操作方法。

步骤 01 在剪映手机版中导入视频，点击“文字”按钮，如图3-2所示。

步骤 02 在弹出的二级工具栏中点击“新建文本”按钮，如图3-3所示。

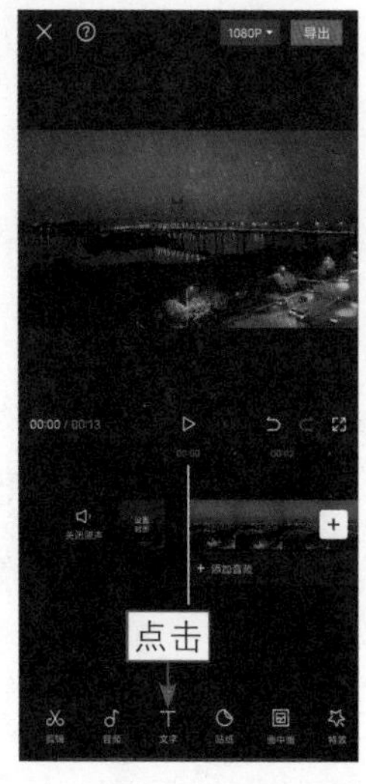

图 3-2　点击“文字”按钮

图 3-3　点击“新建文本”按钮

步骤 03 弹出相应的面板，切换至"智能文案"选项卡，如图3-4所示。

步骤 04 弹出"智能文案"面板，❶点击"文案推荐"按钮；❷选择一条合适的文案；❸点击⊙按钮，如图3-5所示。

步骤 05 ❶切换至"文字模板"丨"互动引导"选项卡；❷选择一款模板；❸点击⇅按钮；❹更改文字内容；❺微微缩小文字，如图3-6所示。

图 3-4　切换至"智能文案"选项卡

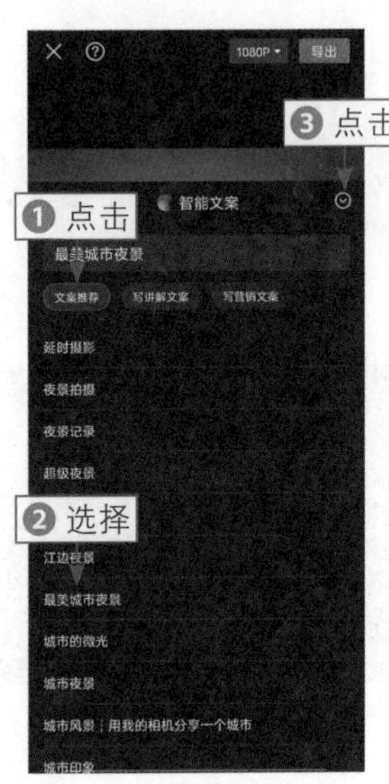

图 3-5　点击相应的按钮

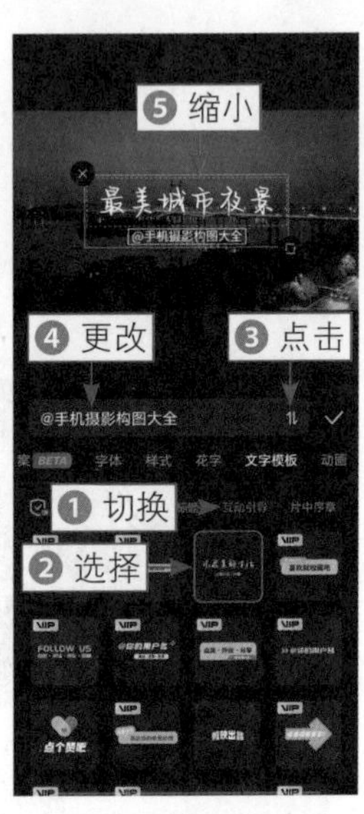

图 3-6　微微缩小文字

3.1.2　写视频讲解文案

扫码看教学视频

【效果展示】：本案例使用剪映中的智能文案功能，撰写一段讲解长沙杜甫江阁的视频文案，视频效果如图3-7所示。

图 3-7　视频效果展示

下面介绍写视频讲解文案的操作方法。

步骤 01 在剪映手机版中导入视频，点击"文字"按钮，如图3-8所示。

步骤 02 在弹出的二级工具栏中点击“智能文案”按钮，如图3-9所示。

图 3-8　点击“文字”按钮

图 3-9　点击“智能文案”按钮

步骤 03 弹出“智能文案”面板，❶点击“写讲解文案”按钮；❷输入“写一篇介绍长沙杜甫江阁的文案，100字”；❸点击➔按钮，如图3-10所示。

步骤 04 弹出进度提示，如图3-11所示。

图 3-10　点击相应的按钮（1）

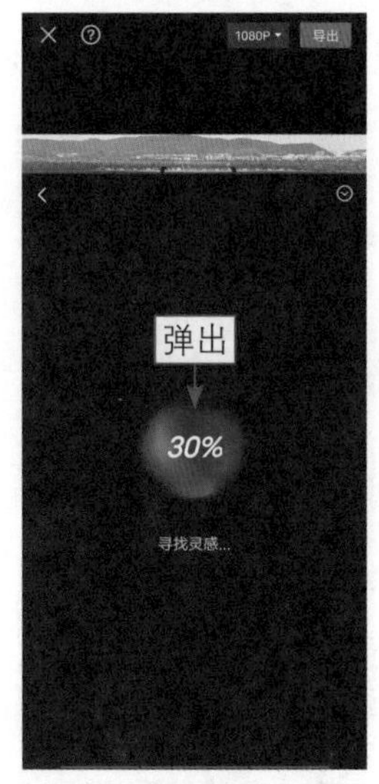

图 3-11　弹出进度提示

步骤 05 稍等片刻即可生成文案内容，点击“确认”按钮，如图3-12所示，用AI生成的文案每次都会有些许差异，可以点击“下一个”按钮，选择最合适的文案。

步骤 06 弹出相应的面板，❶选择“文本朗读”选项；❷取消选中“自动拆分成字幕”复选框；❸点击“添加至轨道”按钮，如图3-13所示。

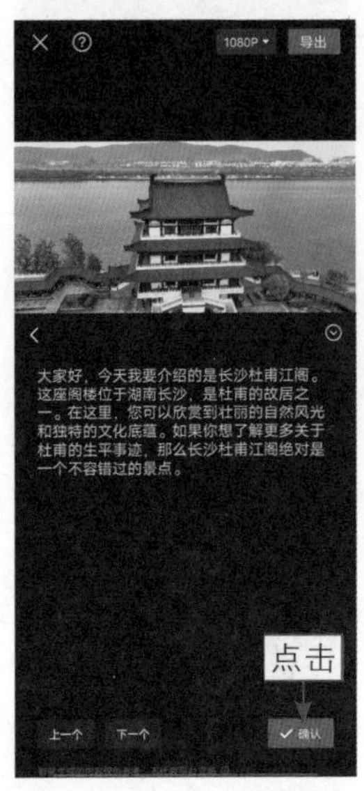

图 3-12　点击“确认”按钮

图 3-13　点击“添加至轨道”按钮

步骤 07 弹出“音色选择”面板，❶选择“解说小帅”选项；❷点击✓按钮，如图3-14所示，生成配音音频。

步骤 08 ❶点击“删除”按钮；❷点击“关闭原声”按钮，如图3-15所示。

图 3-14　点击相应的按钮（2）

图 3-15　点击“关闭原声”按钮

3.1.3　写视频口播文案

扫码看教学视频

【效果展示】：在剪映中使用AI写口播文案时，也需要输入相应的提示词，这样系统才能写出满足需求的文案，并生成相应的字幕，效果如图3-16所示。

图 3-16　效果展示

下面介绍写视频口播文案的操作方法。

步骤 01 在剪映手机版中导入视频，点击“文字”按钮，如图3-17所示。

步骤 02 在弹出的二级工具栏中点击“智能文案”按钮，如图3-18所示。

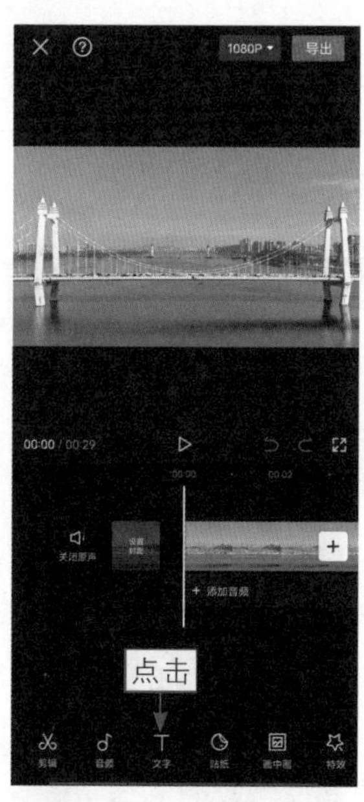

图 3-17　点击“文字”按钮

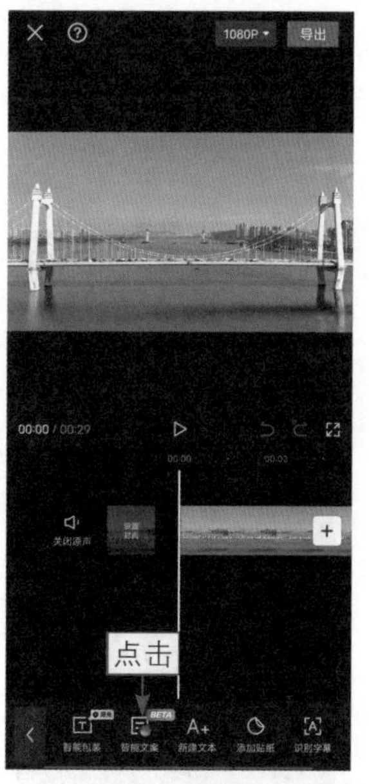

图 3-18　点击“智能文案”按钮

步骤 03 弹出“智能文案”面板，点击“写营销文案”按钮，如图3-19所示，根据格式输入文案包括的内容。

步骤 04 ❶输入产品名称“御3无人机”，输入产品卖点“航拍画质清晰、3个相机镜头、操作简单”；❷点击➡按钮，如图3-20所示。

图 3-19　点击“写营销文案”按钮

图 3-20　点击相应的按钮（1）

步骤 05 稍等片刻，即可生成文案内容，点击“确认”按钮，如图3-21所示。

步骤 06 弹出相应的面板，❶选择“文本朗读”选项；❷选中“自动拆分成字幕”复选框；❸点击“添加至轨道”按钮，如图3-22所示。

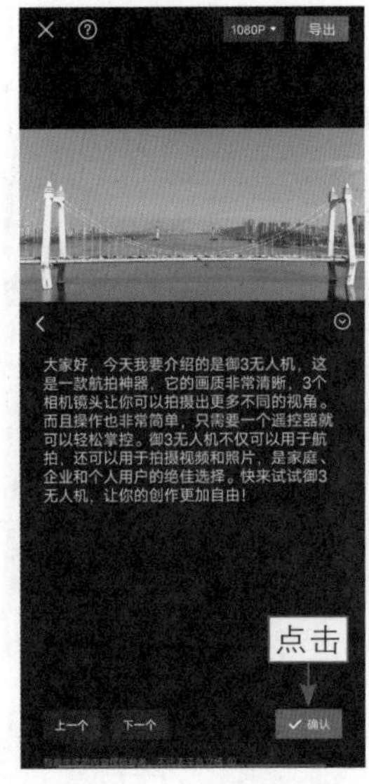

图 3-21　点击“确认”按钮

图 3-22　点击“添加至轨道”按钮

步骤 07 弹出“音色选择”面板，❶选择“解说小帅”选项；❷点击✓按钮，如图3-23所示。

步骤 08 生成配音音频和字幕素材，点击“批量编辑”按钮，如图3-24所示。

图 3-23　点击相应的按钮（2）

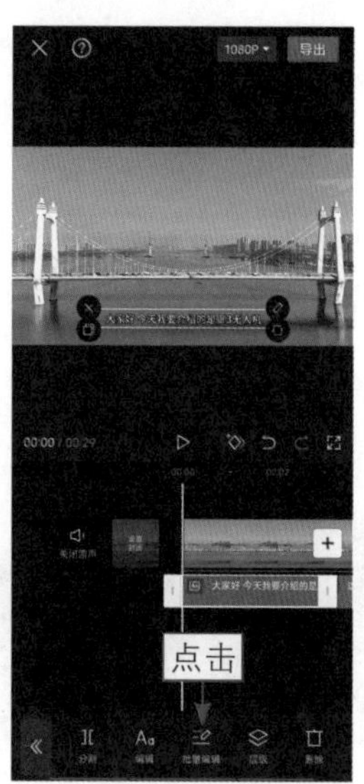

图 3-24　点击“批量编辑”按钮

步骤 09 弹出相应的面板，❶选择第1段文字；❷点击Aa按钮，如图3-25所示。

步骤 10 弹出相应的面板，❶切换至“字体”选项卡；❷选择合适的字体，如图3-26所示。

图 3-25　点击 Aa 按钮

图 3-26　选择合适的字体

3.2 AI视频脚本文案的后期编辑

当使用剪映中的AI功能生成脚本文案时，我们还需要对文案字幕进行后期编辑，使其更加精美。本节将为大家介绍相应的操作方法。

3.2.1 修改视频文案的字体

扫码看教学视频

【效果展示】：在剪映中，有非常多的字体样式，为了避免侵权，可以尽量使用可商用的字体，效果如图3-27所示。

图 3-27 效果展示

下面介绍修改视频文案字体的操作方法。

步骤 01 在剪映手机版中导入视频，点击“文字”按钮，如图3-28所示。

步骤 02 在弹出的二级工具栏中点击“新建文本”按钮，如图3-29所示。

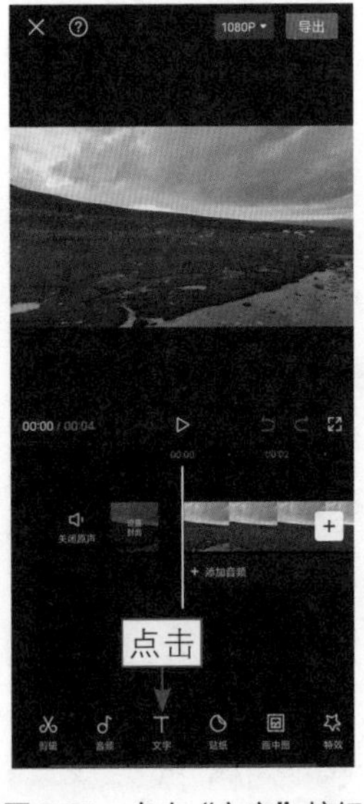

图 3-28 点击“文字”按钮

图 3-29 点击“新建文本”按钮

步骤 03 弹出相应的面板，切换至“智能文案”选项卡，如图3-30所示。

步骤 04 弹出“智能文案”面板，❶点击“文案推荐”按钮；❷选择一条合适的文案；❸点击⊙按钮，如图3-31所示。

图 3-30　切换至“智能文案”选项卡

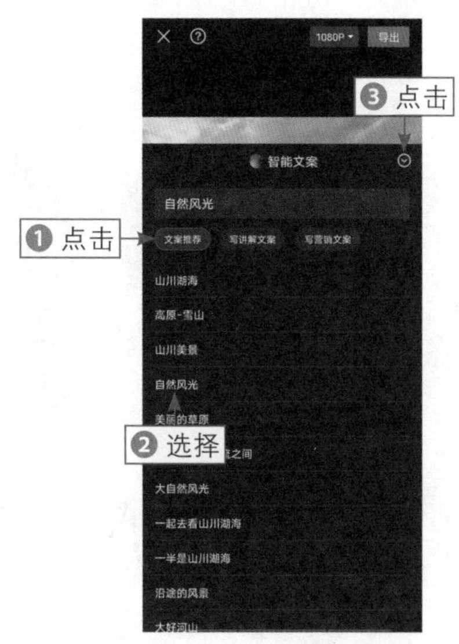

图 3-31　点击相应的按钮

步骤 05 ❶切换至“字体”选项卡；❷点击“商用”按钮；❸在“基础”选项卡中选择合适的字体；❹调整文字的位置，如图3-32所示。

步骤 06 点击✓按钮，调整文字的时长，将其与视频的时长对齐，如图3-33所示。

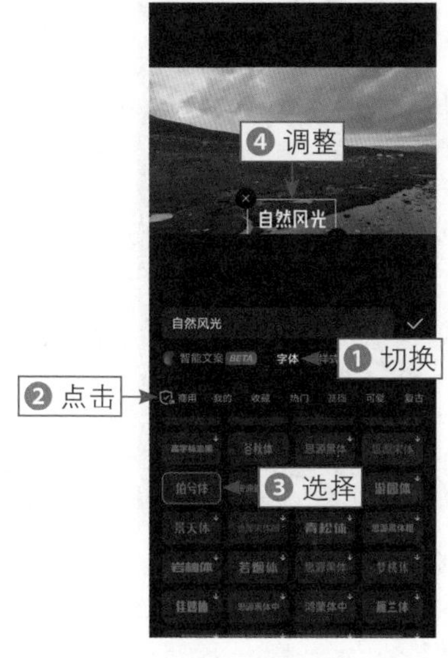

图 3-32　调整文字的位置

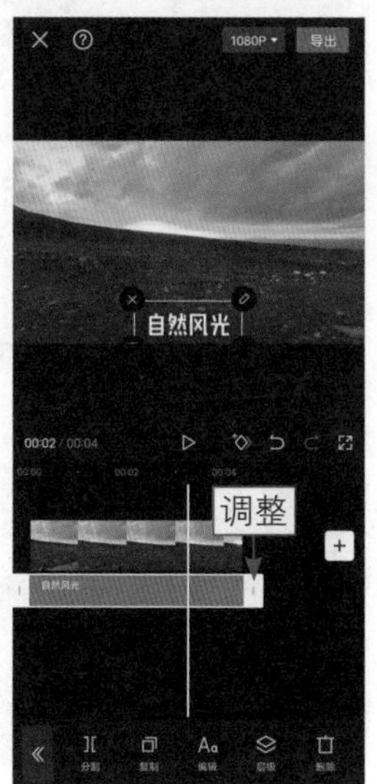

图 3-33　调整文字的时长

3.2.2 修改视频文案的样式

扫码看教学视频

【效果展示】：如果不想手动设置文字的颜色、阴影和描边等效果，可以选择相应的样式，一次性装饰文字，快速又方便，效果如图3-34所示。

图 3-34 效果展示

下面介绍修改视频文案样式的操作方法。

步骤 01 在剪映手机版中导入视频，依次点击“文字”按钮和“新建文本”按钮，弹出相应的面板，❶选择字体；❷切换至“智能文案”选项卡，如图3-35所示。

步骤 02 弹出“智能文案”面板，❶点击“文案推荐”按钮；❷选择一条合适的文案；❸点击⊙按钮，如图3-36所示。

图 3-35 切换至“智能文案”选项卡

图 3-36 点击相应的按钮（1）

步骤 03 ❶切换至“样式”选项卡；❷选择合适的文字样式；❸调整文字的大小和位置；❹点击✓按钮，如图3-37所示。

步骤 04 调整文字的时长，将其与视频的时长对齐，如图3-38所示。

图 3-37　点击相应的按钮（2）

图 3-38　调整文字的时长

3.2.3　设置视频花字效果

扫码看教学视频

【效果展示】：剪映中的花字效果比样式效果丰富，而且颜色百变，用户可以根据视频的色调设置合适的花字，效果如图3-39所示。

图 3-39　效果展示

下面介绍设置视频花字效果的操作方法。

步骤 01 在剪映手机版中导入视频，依次点击“文字”按钮和“新建文本”按钮，弹出相应的面板，❶选择字体；❷切换至“智能文案”选项卡，如图3-40所示。

步骤 02 弹出“智能文案”面板，❶点击“文案推荐”按钮；❷选择一条合适的文案；❸点击⊙按钮，如图3-41所示。

图 3-40　切换至“智能文案”选项卡

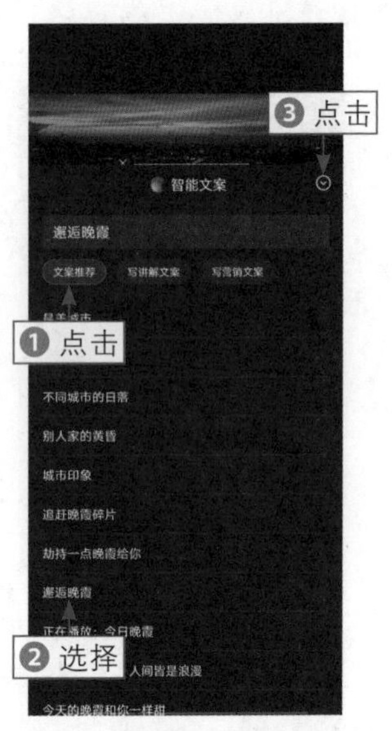

图 3-41　点击相应的按钮（1）

步骤 03 ❶切换至“花字”选项卡；❷在“黄色”选项卡中选择合适的花字样式；❸调整文字的大小和位置；❹点击✓按钮，如图3-42所示。

步骤 04 调整文字的时长，将其与视频的时长对齐，如图3-43所示。

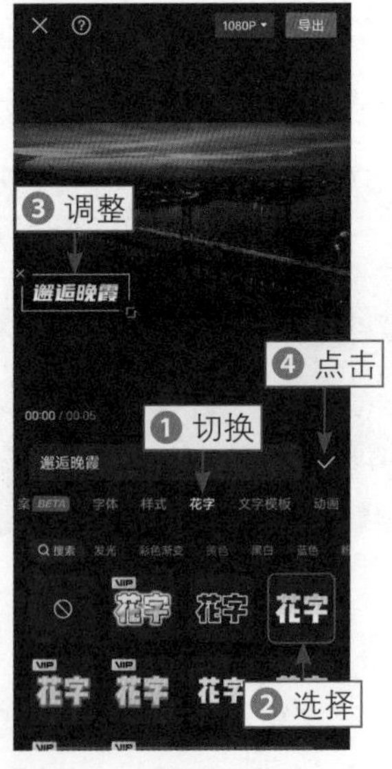

图 3-42　点击相应的按钮（2）

图 3-43　调整文字的时长

3.2.4　使用视频文字模板

扫码看教学视频

【效果展示】：在剪映中，文字模板的样式非常丰富，为视频应用文字模板是非常便捷的，可以节约设计文字样式的时间，提升剪辑效率，效果如图3-44所示。

图 3-44　效果展示

下面介绍使用视频文字模板的操作方法。

步骤 01 在剪映手机版中导入视频，依次点击“文字”按钮和“新建文本”按钮，弹出相应的面板，切换至“智能文案”选项卡，如图3-45所示。

步骤 02 弹出“智能文案”面板，❶点击“文案推荐”按钮；❷选择一条合适的文案；❸点击按钮，如图3-46所示。

图 3-45　切换至“智能文案”选项卡

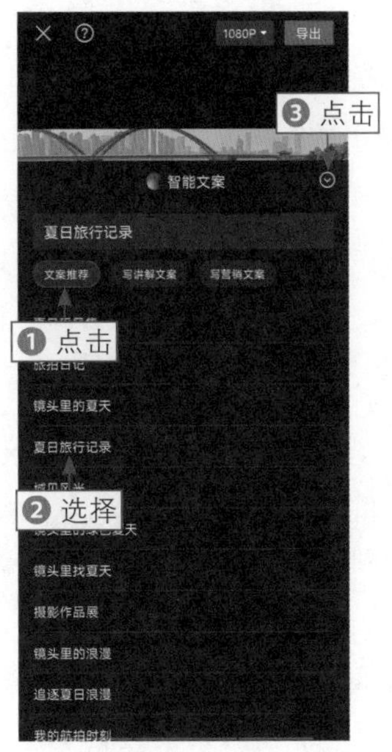

图 3-46　点击相应的按钮（1）

步骤 03 ❶切换至“文字模板”选项卡；❷在“标签”选项卡中选择一款文字模板；❸调整文字的位置；❹点击✓按钮，如图3-47所示。

步骤 04 调整文字的时长，将其与视频的时长对齐，如图3-48所示。

图 3-47　点击相应的按钮（2）

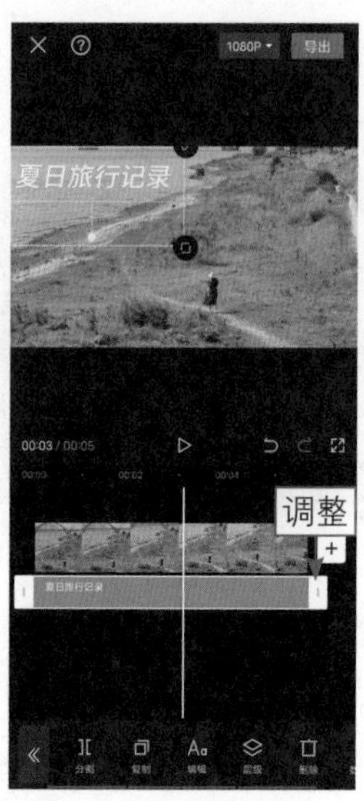

图 3-48　调整文字的时长

3.2.5　添加文字气泡效果

扫码看教学视频

【效果展示】：剪映提供了丰富的气泡模板，可以帮助用户快速制作出精美的视频文字效果，不过用户最好根据视频风格选择气泡模板，效果如图3-49所示。

图 3-49　效果展示

下面介绍添加文字气泡效果的操作方法。

步骤 01 在剪映手机版中导入视频，依次点击“文字”按钮和“新建文本”按钮，弹出相应的面板，切换至“智能文案”选项卡，如图3-50所示。

步骤 02 弹出“智能文案”面板，❶点击“文案推荐”按钮；❷选择一条合适的文案；❸点击⌄按钮，如图3-51所示。

图 3-50　切换至“智能文案”选项卡

图 3-51　点击相应的按钮（1）

步骤 03 ❶切换至“文字模板”选项卡；❷在“气泡”选项卡中选择一款气泡模板；❸调整文字的大小和位置；❹点击✓按钮，如图3-52所示。

步骤 04 调整文字的时长，将其与视频的时长对齐，如图3-53所示。

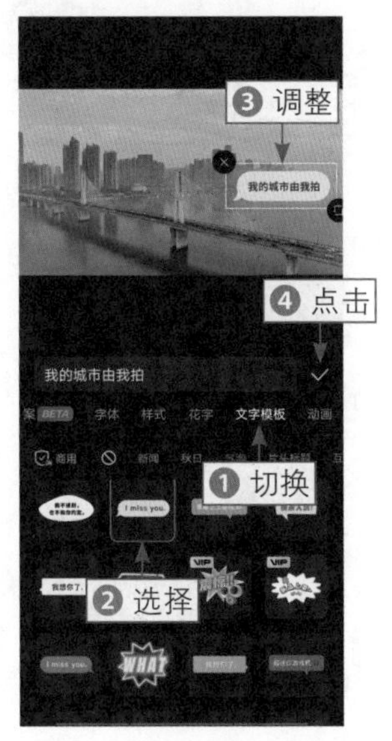

图 3-52　点击相应的按钮（2）

图 3-53　调整文字的时长

3.2.6 添加文字入场动画效果

【效果展示】：入场动画就是文字出现时的动态效果，添加文字入场动画效果，可以让文字出现的时候更加自然，效果如图3-54所示。

图 3-54 效果展示

下面介绍添加文字入场动画效果的操作方法。

步骤 01 在剪映手机版中导入视频，依次点击“文字”按钮和“新建文本”按钮，弹出相应的面板，❶选择字体；❷切换至“智能文案”选项卡，如图3-55所示。

步骤 02 弹出“智能文案”面板，❶点击“文案推荐”按钮；❷选择一条合适的文案；❸点击⊙按钮，如图3-56所示。

图 3-55 切换至“智能文案”选项卡

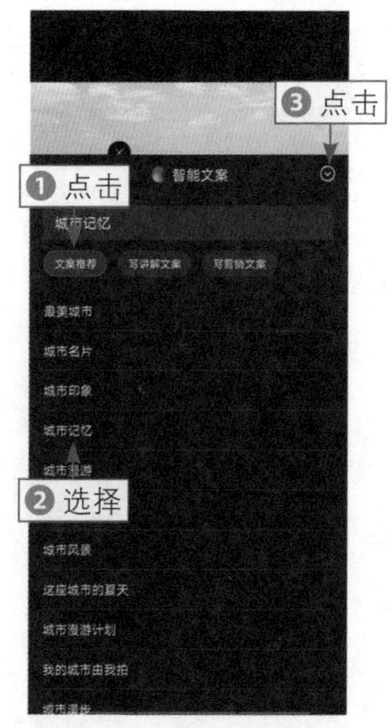

图 3-56 点击相应的按钮（1）

步骤 03 ❶切换至“动画”选项卡；❷选择“水滴晕开”入场动画；❸设置

时长参数为1.5s；❹点击✓按钮，如图3-57所示。

步骤 04 ❶调整文字的位置；❷调整文字的时长，使其与视频的时长一致，如图3-58所示。

图 3-57　点击相应的按钮（2）

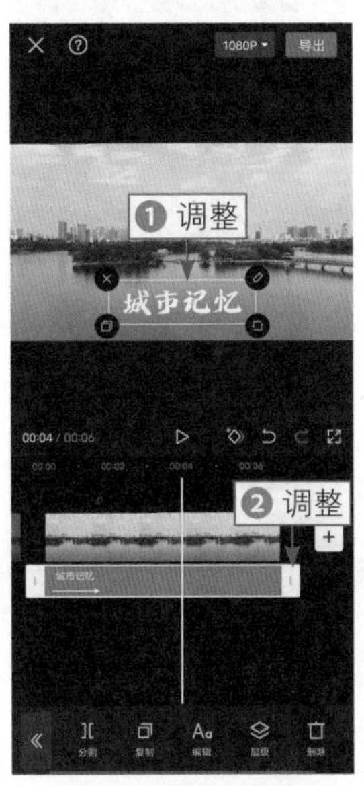

图 3-58　调整文字的时长

3.2.7　添加文字出场动画效果

扫码看教学视频

【效果展示】：出场动画就是文字结束时的动态效果，可以让文字结束得更有趣味，效果如图3-59所示。

图 3-59　效果展示

下面介绍添加文字出场动画效果的操作方法。

步骤 01 在剪映手机版中导入视频，依次点击“文字”按钮和“新建文本”按钮，如图3-60所示，弹出相应的面板。

步骤 02 ❶选择字体；❷切换至“智能文案”选项卡，如图3-61所示。

图 3-60　点击“新建文本”按钮

图 3-61　切换至“智能文案”选项卡

步骤 03 弹出“智能文案”面板，❶点击“文案推荐”按钮；❷选择一条合适的文案；❸点击⊙按钮，如图3-62所示。

步骤 04 ❶切换至“动画”选项卡；❷切换至“出场”选项卡；❸选择“炸开Ⅱ”动画；❹点击✓按钮，如图3-63所示。

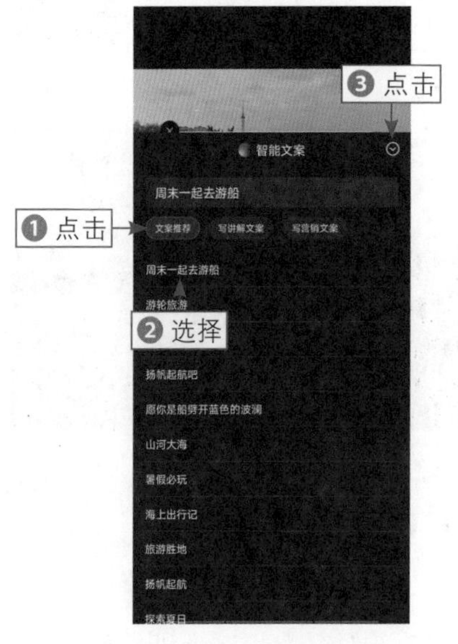

图 3-62　点击相应的按钮（1）

图 3-63　点击相应的按钮（2）

3.2.8　添加文字循环动画效果

扫码看教学视频

【效果展示】：循环动画会让文字一直处于动态，能够让文字变得动感，效果如图3-64所示。

图 3-64　效果展示

下面介绍添加文字循环动画效果的操作方法。

步骤 01 在剪映手机版中导入视频，点击“文字”按钮，如图3-65所示。

步骤 02 在弹出的二级工具栏中点击“新建文本”按钮，如图3-66所示。

图 3-65　点击“文字”按钮

图 3-66　点击“新建文本”按钮

步骤 03 弹出相应的面板，❶选择合适的字体；❷切换至“智能文案”选项卡，如图3-67所示。

步骤 04 弹出“智能文案”面板，❶点击“文案推荐”按钮；❷选择一条合适的文案；❸点击⊙按钮，如图3-68所示。

图 3-67　切换至“智能文案”选项卡

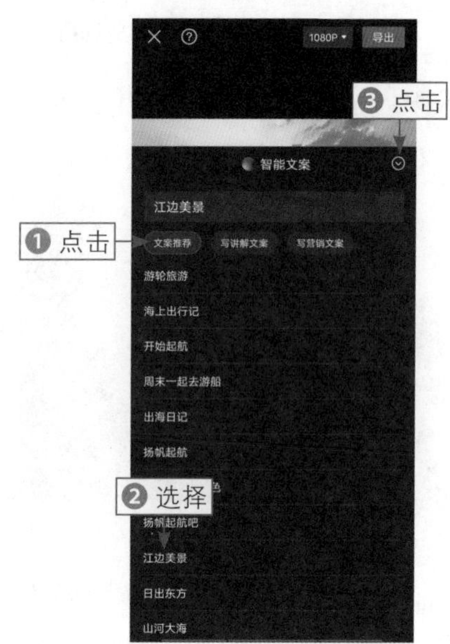

图 3-68　点击相应的按钮

步骤 05 ❶切换至“动画”选项卡；❷切换至“循环”选项卡；❸选择“色差故障”动画；❹设置动画快慢为最慢；❺调整文字的大小和位置，如图3-69所示。

步骤 06 点击✓按钮，调整文字的时长，使其与视频的时长一致，如图3-70所示。

图 3-69　调整文字的大小和位置

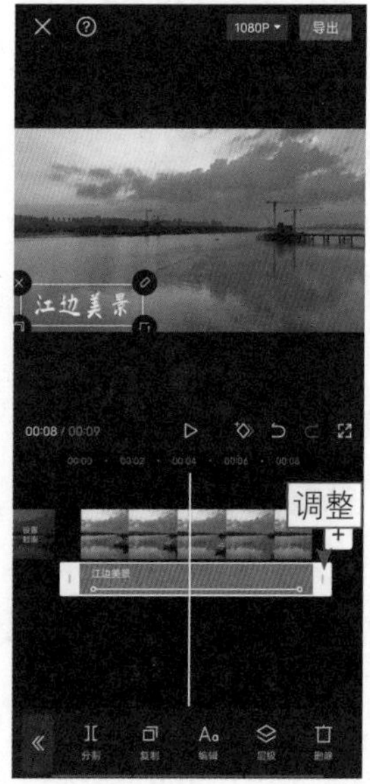

图 3-70　调整文字的时长

第 4 章　用 AI 实现以文生图

剪映更新了AI作画功能，用户只需输入相应的提示词，系统就会根据描述内容，生成4幅图像。有了这个功能，我们可以省去画图的时间，在剪映中实现一键作图，使得人人都能成为“绘画师”。本章将为大家介绍用AI实现以文生图的技巧。

4.1 使用 AI 作图的提示词

在剪映中使用AI作图功能时，提示词是非常重要的。本节将为大家介绍使用方法，不过需要注意，即使是相同的提示词，剪映每次生成的图片效果也不一样。

4.1.1 使用系统推荐的提示词绘画

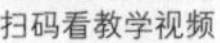

扫码看教学视频

【效果展示】：如果新手用户还不知道如何输入提示词，那么可以使用系统推荐的提示词进行绘画，慢慢体会到绘画的乐趣，部分效果如图4-1所示。

图 4-1 效果展示

下面介绍使用系统推荐的提示词绘画的操作方法。

步骤 01 打开剪映手机版，进入“剪辑”界面，在其中点击“AI作图”按钮，如图4-2所示。

步骤 02 进入相应的界面，在下方会显示系统推荐的“雪景、都铎建筑、柔和的灯光、静电复印、哥特式”提示词，点击“立即生成”按钮，如图4-3所示，如果对系统推荐的提示词不满意，可以点击按钮，刷新提示词。

步骤 03 稍等片刻，剪映会生成4张风景图片，如图4-4所示。

★ 专 家 提 醒 ★

使用 AI 作图功能生成的图片比例默认为 1：1，图片的画质并不是非常高清，不过可以调整比例参数，而且后续官方应该也会调整画质。

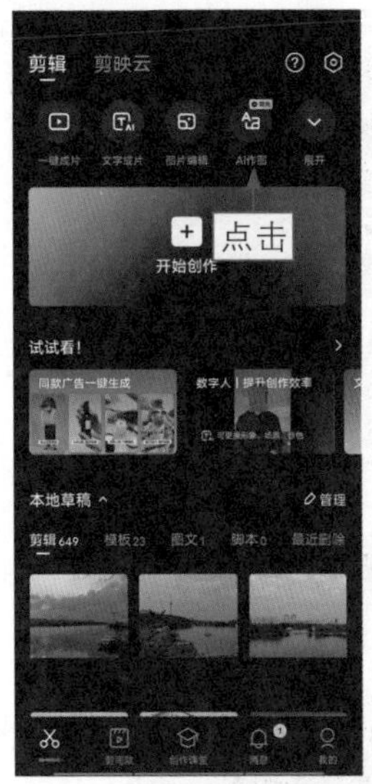

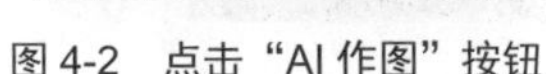
图 4-2　点击“AI 作图”按钮

图 4-3　点击“立即生成”按钮

图 4-4　剪映会生成 4 张图片

4.1.2　使用灵感库中的提示词绘画

扫码看教学视频

【效果展示】：在灵感库中，系统会推荐非常多的模板和图画类型，让用户可以制作同款图像效果，部分效果如图4-5所示。

图 4-5　效果展示

下面介绍使用灵感库中的提示词绘画的操作方法。

步骤 01 在“剪辑”界面中，点击“AI作图”按钮，如图4-6所示。

步骤 02 进入相应的界面，点击“灵感库”按钮，如图4-7所示。

图 4-6　点击“AI 作图”按钮

图 4-7　点击“灵感库”按钮

步骤 03 在“热门”选项卡中点击一款模板下的“做同款”按钮，如图4-8所示。

步骤 04 提示词面板中会自动生成相应的模板提示词，点击“立即生成”按钮，如图4-9所示。

步骤 05 稍等片刻，剪映会生成4张少女图片，如图4-10所示。

图 4-8　点击“做同款”按钮

图 4-9　点击“立即生成”按钮

图 4-10　剪映会生成 4 张图片

4.1.3　使用自定义的提示词绘画

扫码看教学视频

【效果展示】：在输入自定义的提示词时，需要用户先输入绘画主体，然后再输入图片的环境、风格、色彩、视角等提示词，然后执行生成图片的操作，效果如图4-11所示。

图 4-11　效果展示

下面介绍使用自定义的提示词绘画的操作方法。

步骤 01 打开剪映手机版，进入“剪辑”界面，点击“AI作图”按钮，进入相应的界面，❶点击提示词面板中的空白处；❷点击⊠按钮，如图4-12所示，清空提示词面板。

步骤02 ❶输入自定义提示词“鲜艳玫瑰盛开的照片，彩虹生长在白色的栅栏上，背景是一个古老的水乡，超广角，光影艺术，超细节，真正的柔光，景深，活力，日落，灿烂的光，超高清”；❷点击“立即生成”按钮，如图4-13所示。

步骤03 稍等片刻，剪映会生成4张相应的图片，如图4-14所示。

图4-12　点击相应的按钮

图4-13　点击“立即生成”按钮

图4-14　剪映会生成4张图片

★专家提醒★

提示词也称为关键字、关键词、描述词、输入词、代码等，网上大部分用户也将其称为“咒语”。在剪映中输入提示词的时候，尽量使用中文，因为剪映目前识别不了英文提示词。

4.2　调整AI作图的参数

在进行AI作图时，剪映可能并不会一次性就生成理想的图片，这时我们需要调整AI作图的参数，让图片更符合需求。本节将为大家介绍相应的操作方法。

4.2.1　使用通用模型进行绘画

扫码看教学视频

【效果展示】：剪映中的通用模型也是称默认模型，没有特定的风格要求，生成的图片也是通用场景下的画面，部分效果如图4-15所示。

图 4-15　效果展示

下面介绍使用通用模型进行绘画的操作方法。

步骤 01 打开剪映手机版，进入“剪辑”界面，点击“AI作图”按钮，进入相应的界面，❶在提示词面板中输入自定义提示词“一份中等程度的牛排，上面放着盐和薯条，特写镜头”；❷点击按钮，如图4-16所示。

步骤 02 进入“参数调整”面板，❶默认选择“通用”模型和比例样式；❷点击✓按钮，如图4-17所示，再点击“立即生成”按钮。

步骤 03 稍等片刻，剪映会生成4张美食图片，如图4-18所示。

图 4-16　点击相应的按钮（1）

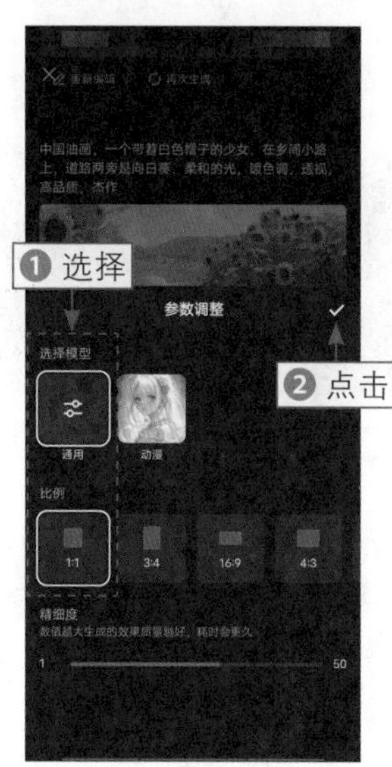

图 4-17　点击相应的按钮（2）

图 4-18　生成 4 张美食图片

4.2.2 使用动漫模型进行绘画

扫码看教学视频

【效果展示】：使用动漫模型进行绘画，那么生成的图片都会是漫画风格的，图片会更有趣味，效果如图4-19所示。

图 4-19 效果展示

下面介绍使用动漫模型进行绘画的操作方法。

步骤 01 打开剪映手机版，进入“剪辑”界面，点击“AI作图”按钮，进入相应的界面，❶在提示词面板中输入自定义提示词“屋顶上的猫咪，夕阳光，高清”；❷点击按钮，如图4-20所示。

步骤 02 进入“参数调整”面板，❶选择“动漫”模型；❷默认比例，点击

✓按钮，如图4-21所示，再点击“立即生成”按钮。

步骤 03 稍等片刻，剪映会生成4张漫画猫咪图片，如图4-22所示。

图 4-20　点击相应的按钮（1）

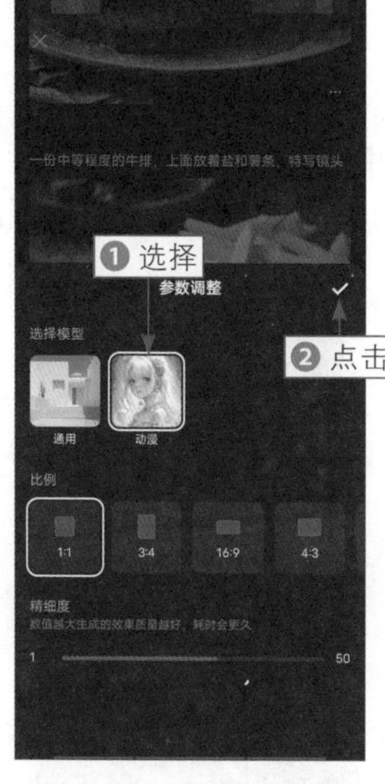

图 4-21　点击相应的按钮（2）

图 4-22　生成 4 张漫画猫咪图片

4.2.3　改变AI作图的画面尺寸

扫码看教学视频

【效果展示】：在剪映中进行AI绘画，默认的图片比例是1：1，根据自己的需求，用户还可以更改AI作图的画面尺寸，部分效果如图4-23所示。

图 4-23　效果展示

下面介绍改变AI作图的画面尺寸的操作方法。

步骤 01 打开剪映手机版，进入“剪辑”界面，点击“AI作图”按钮，进入相应的界面，❶在提示词面板中输入自定义提示词“一只苍蝇，特写”；❷点击按钮，如图4-24所示。

步骤 02 进入“参数调整”面板，❶默认选择“通用”模型；❷选择4∶3比例样式；❸点击按钮，如图4-25所示，再点击“立即生成”按钮。

步骤 03 稍等片刻，剪映会生成4张苍蝇图片，如图4-26所示。

图 4-24　点击相应的按钮（1）

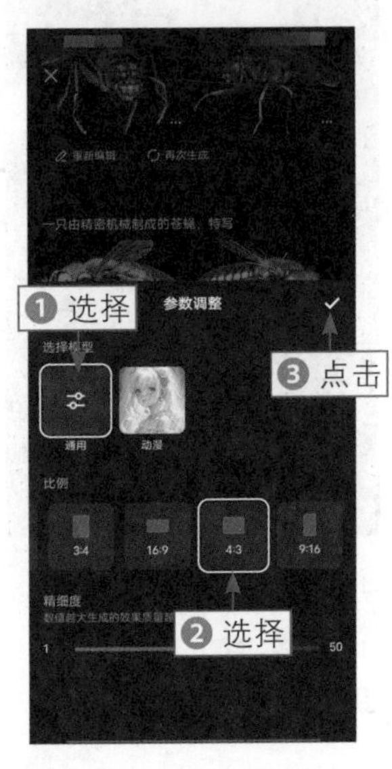

图 4-25　点击相应的按钮（2）

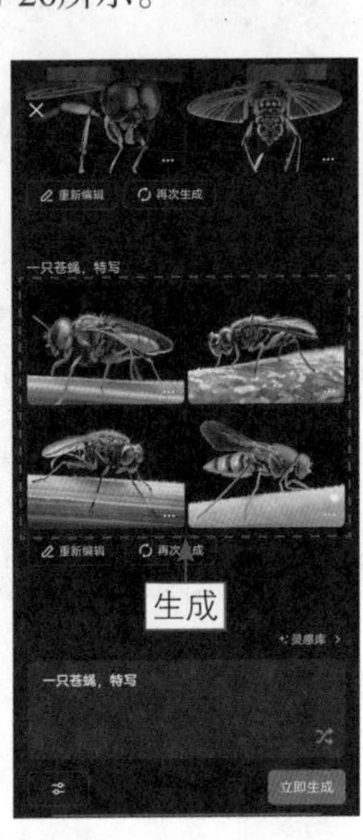

图 4-26　生成 4 张苍蝇图片

4.2.4　调整AI作图的精细度

扫码看教学视频

【效果展示】：精细度参数越高，AI作图的效果越好，不过会多耗费一些作图的时间，部分效果如图4-27所示。

图 4-27　效果展示

下面介绍调整AI作图的精细度的操作方法。

步骤 01 打开剪映手机版，进入“剪辑”界面，点击“AI作图”按钮，进入相应的界面，❶在提示词面板中输入自定义提示词“冰饮里的柠檬，大而柔软的云，鲜花，高清，日漫风格，插画”；❷点击按钮，如图4-28所示。

步骤 02 进入“参数调整”面板，❶默认选择“通用”模型；❷选择16：9比例样式；❸设置“精细度”参数为50；❹点击按钮，如图4-29所示。

步骤 03 点击“立即生成”按钮，稍等片刻，剪映会生成4张冰饮柠檬图片，如图4-30所示。

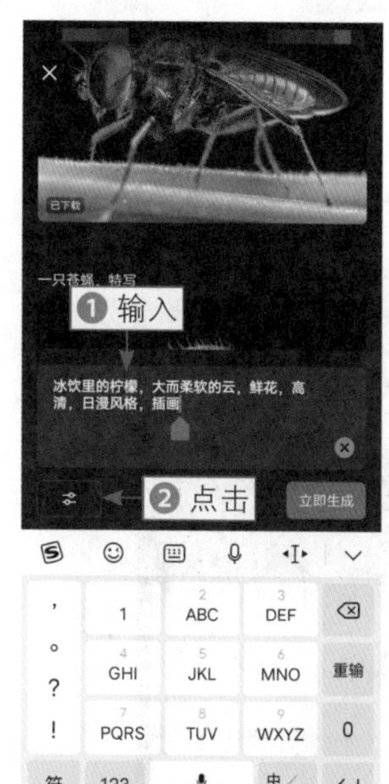

图 4-28　点击相应的按钮（1）

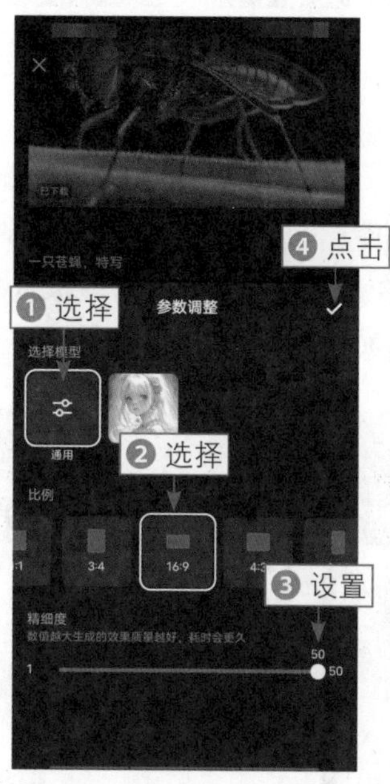

图 4-29　点击相应的按钮（2）

图 4-30　生成 4 张冰饮柠檬图片

★ 专 家 提 醒 ★

对于 AI 作图，只要描述词够清楚，生成的图片就会越具象，所以如果要寻求灵感，提示词可以简单、直白，只要说清楚主体即可；如果心中已经有具体的画面，就需要尽可能地使用描述完整的提示词。

4.2.5　用AI作图再次生成图像

扫码看教学视频

【效果展示】：如果对生成的图片不满意，可以再次生成图像，还可以生成高清图和进行下载处理，部分图像效果如图4-31所示。

图 4-31　效果展示

下面介绍用AI作图再次生成图像的操作方法。

步骤 01 进入AI作图界面，❶在提示词面板中输入自定义提示词“新海诚，乡村田野，开满鲜花的草地，一栋居民的小房子，浪漫色彩，蓝天白云，复杂细节，柔和的画质，日漫风格，漫画”；❷点击“立即生成”按钮，如图4-32所示。

步骤 02 如果对生成的图片不满意，点击“再次生成”按钮，如图4-33所示。

图 4-32　点击“立即生成”按钮

图 4-33　点击“再次生成”按钮

步骤 03 稍等片刻，剪映会再次生成4张图片，❶选择第2张图片；❷点击“超清图”按钮，如图4-34所示。

步骤 04 放大图片，再点击“下载”按钮，如图4-35所示，下载图片。

图4-34　点击“超清图”按钮

图4-35　点击“下载”按钮

4.3　AI作图的应用实例

在剪映中，用户可以根据需求，用AI作图功能生成不同风格的图片，应用于不同的场景中。本节将为大家介绍相应的应用实例。

4.3.1　生成动漫插画

扫码看教学视频

【效果展示】：插画原指书籍出版物中的插图，在很多动漫书中，动漫人物插画是比较比较常见的，风格是偏唯美和清新的，部分图片效果如图4-36所示。

图4-36　效果展示

下面介绍生成动漫插画效果图片的操作方法。

步骤 01 打开剪映手机版，进入“剪辑”界面，点击“AI作图”按钮，进入相应的界面，❶在提示词面板中输入自定义提示词“动漫女孩15岁，动漫插画，白色长发，蓝眼睛，冷色背景，超详细，彩虹色，宫崎骏风格，超清”；❷点击“立即生成”按钮，如图4-37所示。

步骤 02 稍等片刻，剪映会生成4张动漫插画人物图片，如图4-38所示。

图 4-37　点击“立即生成”按钮

图 4-38　生成 4 张动漫插画人物图片

4.3.2　生成游戏人物效果

扫码看教学视频

【效果展示】：在许多游戏中，有许多角色形象，根据游戏的风格类型，我们可以在剪映中生成相应的游戏人物图片，部分效果如图4-39所示。

下面介绍生成游戏人物效果图片的操作方法。

步骤 01 打开剪映手机版，进入“剪辑”界面，点击“AI作图”按钮，进入相应的界面，❶在提示词面板中输入自定义提示词“换装游戏人物，官方美术，半身，少女，人像，紫色长发少女，摩羯座，钻石昙花装饰晚礼服，优雅，细节”；❷点击按钮，如图4-40所示。

步骤 02 进入“参数调整”面板，❶选择“动漫”模型；❷选择3∶4比例样式；❸设置“精细度”参数为50；❹点击按钮，如图4-41所示。

图 4-39　效果展示

步骤 03 点击"立即生成"按钮，之后剪映会生成4张人物图片，如图4-42所示。

图 4-40　点击相应的按钮（1）

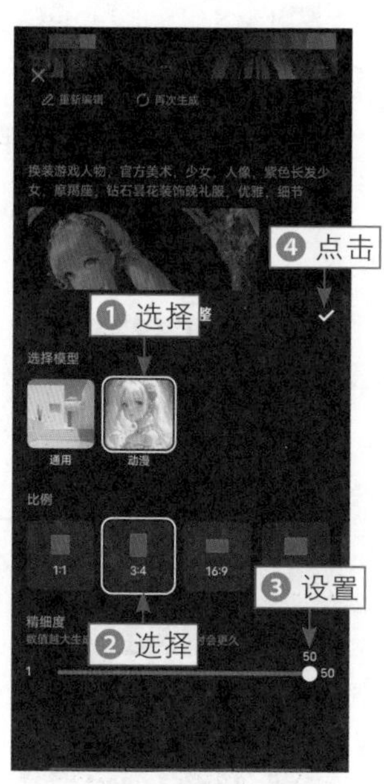

图 4-41　点击相应的按钮（2）

图 4-42　生成 4 张人物图片

4.3.3　生成风景摄影图片

扫码看教学视频

【效果展示】：使用剪映的AI作画功能不仅可以作画，还可以生成摄影图片，满足用户的摄影需求，部分图片效果如图4-43所示。

图 4-43　效果展示

下面介绍生成风景摄影效果图片的操作方法。

步骤 01 打开剪映手机版，进入“剪辑”界面，点击“AI作图”按钮，进入相应的界面，❶在提示词面板中输入自定义提示词“夜晚的天空，星星照耀着柔滑的湖面，极光，星星一闪一闪，宽阔的湖，满天星斗的天空，体积光，空间艺术，超广角，高定义”；❷点击按钮，如图4-44所示。

步骤 02 进入“参数调整”面板，❶默认选择“通用”模型；❷选择4：3比例样式；❸设置“精细度”参数为50；❹点击按钮，如图4-45所示。

步骤 03 点击“立即生成”按钮，之后剪映会生成4张摄影图片，如图4-46所示。

图 4-44　点击相应的按钮（1）

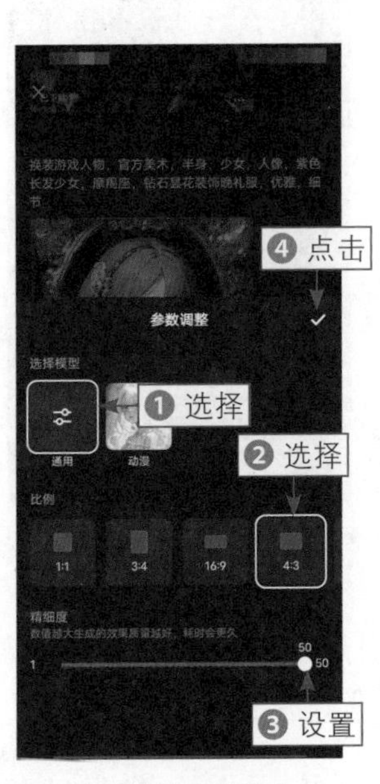

图 4-45　点击相应的按钮（2）

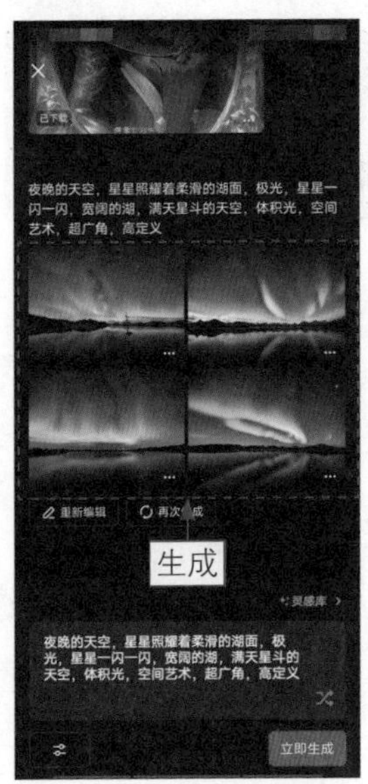

图 4-46　生成 4 张摄影图片

4.3.4　生成人物摄影图片

扫码看教学视频

【效果展示】：在生成人物摄影图片的时候，需要精准描述，这样生成的图片细节会更精确一些，部分图片效果如图4-47所示。

图 4-47　效果展示

下面介绍生成人物摄影效果图片的操作方法。

步骤 01 打开剪映手机版，进入"剪辑"界面，点击"AI作图"按钮，进入相应的界面，❶在提示词面板中输入自定义提示词"黑白人物肖像，中国人，获奖摄影，景深，光圈2.8，50mm镜头，精致细节，精细，高对比度，高清晰度"；❷点击 按钮，如图4-48所示。

步骤 02 进入"参数调整"面板，❶默认选择"通用"模型；❷选择16：9比例样式；❸设置"精细度"参数为50；❹点击 按钮，如图4-49所示。

步骤 03 点击"立即生成"按钮，之后剪映会生成4张人物摄影图片，如图4-50所示。

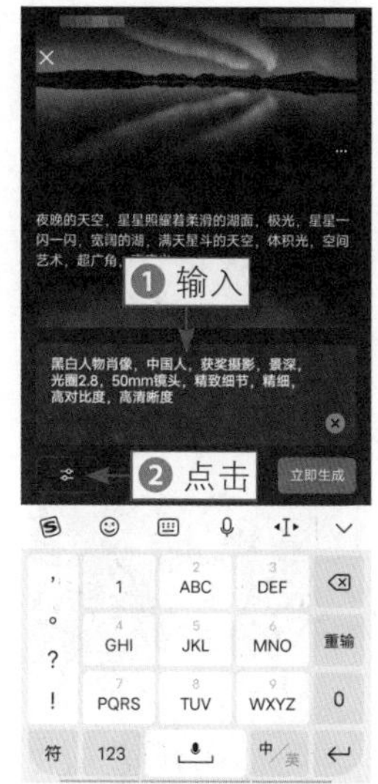

图 4-48　点击相应的按钮（1）

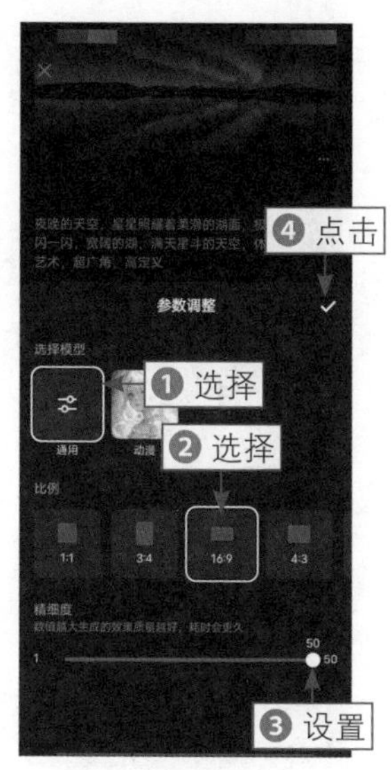

图 4-49　点击相应的按钮（2）

图 4-50　生成 4 张人物摄影图片

4.3.5　生成室内设计图片

扫码看教学视频

【效果展示】：对于从事室内设计或者有室内设计需求的人员，运用AI作图功能，可以快速把自己的想法生成草稿蓝图，部分图片效果如图4-51所示。

图 4-51　效果展示

下面介绍生成室内设计效果图片的操作方法。

步骤 01 打开剪映手机版，进入“剪辑”界面，点击“AI作图”按钮，进入相应的界面，❶在提示词面板中输入自定义提示词“轻奢风格，室内客厅设计，时尚，高级灰和香槟色，线条流畅的家具组合搭配，黄铜、金属、丝绒、大理石、玻璃镜面、皮革”；❷点击按钮，如图4-52所示。

步骤 02 进入“参数调整”面板，❶默认选择“通用”模型；❷选择16∶9比例样式；❸设置“精细度”参数为50；❹点击✔按钮，如图4-53所示。

步骤 03 点击“立即生成”按钮，之后剪映会生成 4 张室内设计图片，如图 4-54所示。

图 4-52　点击相应的按钮（1）

图 4-53　点击相应的按钮（2）

图 4-54　生成 4 张室内设计图片

4.3.6 生成产品图片

扫码看教学视频

【效果展示】：在设计产品海报的时候，运用AI作图功能，可以制作出各种风格的海报照片，还能节省时间和金钱，部分图片效果如图4-55所示。

图 4-55 效果展示

下面介绍生成产品图片的操作方法。

步骤 01 打开剪映手机版，进入“剪辑”界面，点击“AI作图”按钮，进入相应的界面，❶在提示词面板中输入自定义提示词“香水广告，粉色调，圆瓶子，简洁背景，丝带装饰，超清”；❷点击按钮，如图4-56所示。

步骤 02 进入“参数调整”面板，❶默认选择“通用”模型；❷选择16∶9比例样式；❸设置“精细度”参数为50；❹点击✔按钮，如图4-57所示。

步骤 03 点击“立即生成”按钮，之后剪映会生成4张产品图片，如图4-58所示。

图 4-56 点击相应的按钮（1）

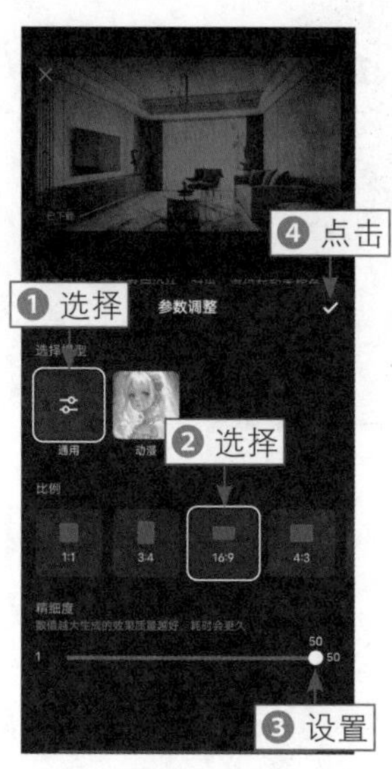

图 4-57 点击相应的按钮（2）

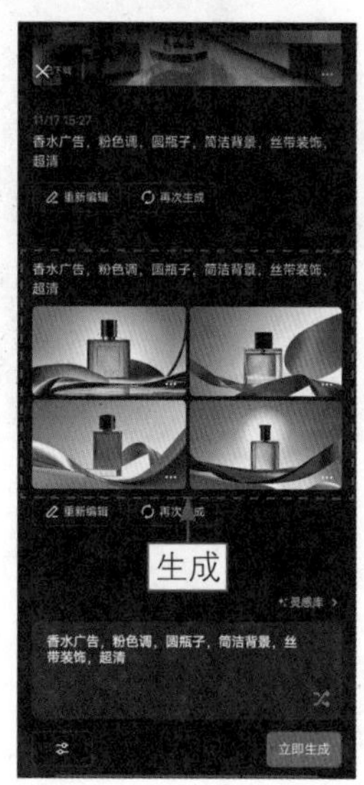

图 4-58 生成 4 张产品图片

第 5 章　用 AI 实现以图生图

在制作短视频时，可以为一些画面添加或制作特效，来增加视频的趣味性，提升影片的艺术渲染力。剪映目前更新的AI特效功能，可以实现以图生图，改变画面，为视频创作提供了更多创意玩法。不过需要注意的是，这个功能需要开通剪映会员才能使用，对素材的时长也有限制。

5.1　使用 AI 特效的描述词

在剪映中使用AI特效功能进行以图生图时，也需要输入描述词，让剪映生成所需要的图片。本节将为大家介绍使用方法，不过需要注意，即使是相同的描述词，剪映每次生成的图片效果也不一样。

5.1.1　通过随机描述词进行AI创作

扫码看教学视频

【效果对比】：使用AI特效功能时剪映会提供随机的描述词，生成的图片效果也是随机的，原图与效果图对比如图5-1所示。

图 5-1　原图与效果图对比

下面介绍通过随机描述词进行AI创作的操作方法。

步骤 01 打开剪映手机版，进入“剪辑”界面，点击“展开”按钮，如图5-2所示，展开功能面板。

步骤 02 在面板中点击“AI特效”按钮，如图5-3所示。

步骤 03 进入“最近项目”界面，在其中选择一张图片，如图5-4所示。

步骤 04 进入“AI特效”界面，在“请输入描述词”面板中会显示随机的描述词，❶点击“随机”按钮，可以更换描述词；❷设置“强度”参数为100；❸点击“生成”按钮，如图5-5所示，即可以图生图。

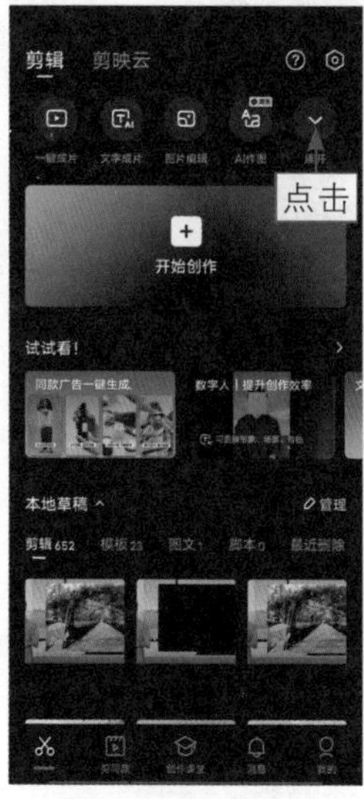

图 5-2　点击“展开”按钮

图 5-3　点击“AI 特效”按钮

图 5-4　选择一张图片

图 5-5　点击“生成”按钮

步骤 05 生成相应的图片之后，点击按钮，即可查看前后效果对比，如图5-6所示。如果对效果不满意，还可以继续点击“生成”按钮，生成新的图片。

步骤 06 点击“保存”按钮，把图片保存至手机中，如图5-7所示。

图 5-6　点击相应的按钮

图 5-7　点击“保存”按钮

★ 专 家 提 醒 ★

使用 AI 特效功能生成的图片，是不能改变比例的，以原图的比例为依据。

5.1.2　通过灵感描述词进行AI创作

扫码看教学视频

【效果对比】：如果用户不知道输入什么描述词进行创作，那么可以在灵感库中选择相应的描述词，生成图片，原图与效果图对比如图5-8所示。

图 5-8　原图与效果图对比

下面介绍通过灵感描述词进行AI创作的操作方法。

步骤 01 在“剪辑”界面中，点击“AI特效”按钮，如图5-9所示。

步骤 02 进入“最近项目”界面，在其中选择一张图片，如图5-10所示。

图 5-9　点击“AI 特效”按钮

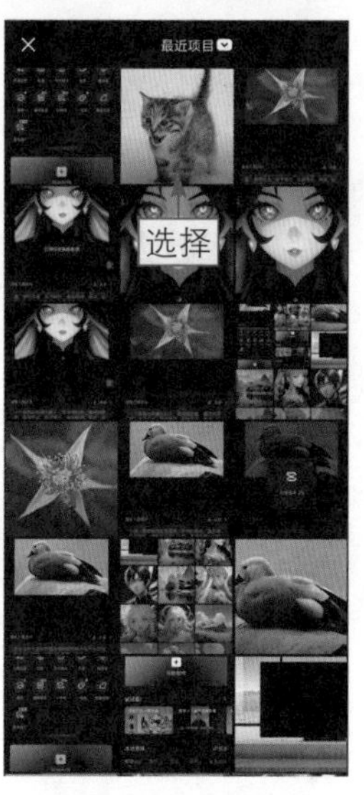

图 5-10　选择一张图片

步骤 03 在“请输入描述词”面板中，点击“灵感”按钮，如图5-11所示。

步骤 04 弹出“灵感”面板，点击所选模板下的“试一试”按钮，如图5-12所示。

图 5-11　点击“灵感”按钮

图 5-12　点击“试一试”按钮

步骤 05 ❶设置“强度”参数为100；❷点击“生成”按钮，如图5-13所示，即可以图生图。

步骤 06 生成相应的图片之后，点击“保存”按钮，把图片保存至手机中，如图5-14所示。

图 5-13　点击“生成”按钮

图 5-14　点击“保存”按钮

5.1.3　通过自定义描述词进行AI创作

扫码看教学视频

【效果对比】：除了使用随机描述词和灵感描述词进行AI创作，用户还可以输入自定义描述词，进行个性化生图，原图与效果图对比如图5-15所示。

图 5-15　原图与效果图对比

下面介绍通过自定义描述词进行AI创作的操作方法。

步骤01 在“剪辑”界面中，点击“AI特效”按钮，进入“最近项目”界面，在其中选择一张图片，如图5-16所示。

步骤02 ❶在“请输入描述词”面板中，点击空白处；❷点击☒按钮，如图5-17所示，清空面板。

图 5-16　选择一张图片

图 5-17　点击相应的按钮

步骤03 ❶输入新的描述词；❷点击“完成”按钮，如图5-18所示。

步骤04 ❶设置“强度”参数为100；❷点击“生成”按钮，如图5-19所示，即可以图生图。

步骤 05 生成相应的图片之后，点击“保存”按钮，保存图片，如图5-20所示。

图 5-18　点击“完成”按钮

图 5-19　点击“生成”按钮

图 5-20　点击“保存”按钮

5.2　切换 AI 特效的模型

AI特效有两个板块，本节将为大家介绍AI特效模型，帮助大家掌握更多的以图生图玩法。

5.2.1　使用默认模型进行AI创作

扫码看教学视频

【效果对比】：在剪映的“特效”工具栏中，还有AI特效工具，使用通用模型，可以继续以图生图，原图与效果图对比如图5-21所示。

图 5-21　原图与效果图对比

下面介绍使用默认模型进行AI创作的操作方法。

步骤 01 在剪映手机版中导入图片，点击“特效”按钮，如图5-22所示。

步骤 02 在弹出的二级工具栏中点击“AI特效”按钮，如图5-23所示。

图 5-22　点击“特效”按钮

图 5-23　点击“AI 特效”按钮

步骤 03 ❶选择“默认”模型；❷点击“生成”按钮，如图5-24所示。

步骤 04 弹出“效果预览”面板，❶选择第2个选项；❷点击“应用”按钮，如图5-25所示，实现以图生图。

图 5-24　点击“生成”按钮

图 5-25　点击“应用”按钮

5.2.2 使用CG I 模型进行AI创作

【效果对比】：CG（Computer Graphics）即计算机图形学，在剪映中，可以将图片生成CG I 风格的图片，原图与效果图对比如图5-26所示。

图 5-26 原图与效果图对比

下面介绍使用CG I 模型进行AI创作的操作方法。

步骤 01 在剪映手机版中导入图片，点击“特效”按钮，如图5-27所示。

步骤 02 在弹出的二级工具栏中点击“AI特效”按钮，如图5-28所示。

图 5-27 点击“特效”按钮

图 5-28 点击“AI 特效”按钮

步骤 03 弹出“AI特效”面板，❶选择CG I 模型，使用默认的描述词；❷点击“生成”按钮，如图5-29所示。

步骤 04 弹出“效果预览”面板，❶选择第4个选项；❷点击“应用”按钮，如图5-30所示，实现以图生图。

图 5-29　点击“生成”按钮

图 5-30　点击“应用”按钮

5.2.3　使用CG Ⅱ模型进行AI创作

扫码看教学视频

【效果对比】：CG Ⅱ模型与CG Ⅰ模型有一定的区别，生成的图片风格也不一样，是偏美漫的风格，原图与效果图对比如图5-31所示。

图 5-31　原图与效果图对比

下面介绍使用CG Ⅱ模型进行AI创作的操作方法。

步骤 01 在剪映手机版中导入图片，点击“特效”按钮，如图 5-32 所示。

步骤 02 在弹出的二级工具栏中点击“AI 特效”按钮，如图 5-33 所示。

图 5-32　点击“特效”按钮

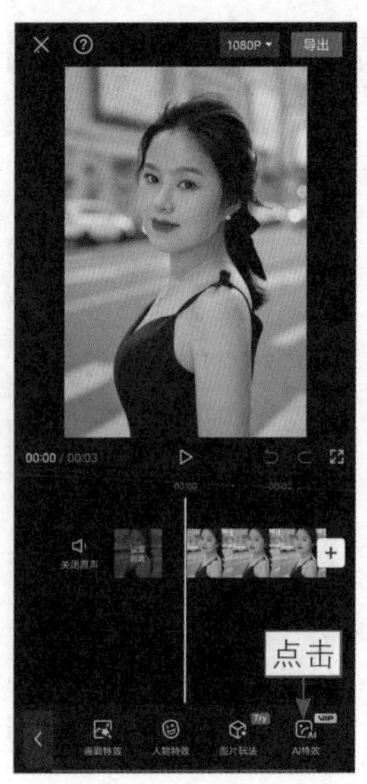

图 5-33　点击“AI 特效”按钮

步骤 03 弹出“AI 特效”面板，❶ 选择 CG Ⅱ 模型，使用默认的描述词；❷ 点击“生成”按钮，如图 5-34 所示。

步骤 04 弹出“效果预览”面板，❶ 选择第 3 个选项；❷ 点击“应用”按钮，如图 5-35 所示，实现以图生图。

图 5-34　点击“生成”按钮

图 5-35　点击“应用”按钮

5.2.4　使用超现实3D模型进行AI创作

扫码看教学视频

【效果对比】：超现实3D模型是非常具有想象力的，图片的色彩和线条都会变得非常规化，原图与效果图对比如图5-36所示。

图 5-36　原图与效果图对比

下面介绍使用超现实3D模型进行AI创作的操作方法。

步骤 01 在剪映手机版中导入图片，点击"特效"按钮，如图5-37所示。

步骤 02 在弹出的二级工具栏中点击"AI特效"按钮，如图5-38所示。

步骤 03 ❶选择"超现实3D"模型；❷点击"灵感"按钮，如图5-39所示。

图 5-37　点击"特效"按钮

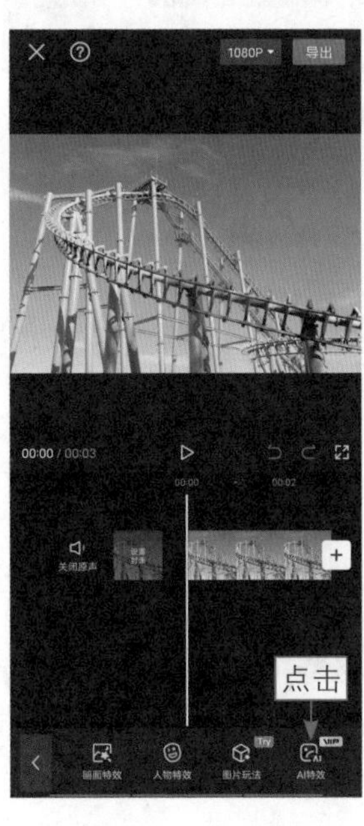

图 5-38　点击"AI 特效"按钮

图 5-39　点击"灵感"按钮

步骤 04 在“灵感”界面中，点击所选模板下的“试一试”按钮，如图5-40所示。

步骤 05 在“AI特效”面板中点击“生成”按钮，如图5-41所示。

步骤 06 弹出“效果预览”面板，❶选择第3个选项；❷点击“应用”按钮，如图5-42所示，实现以图生图。

图 5-40　点击“试一试”按钮

图 5-41　点击“生成”按钮

图 5-42　点击“应用”按钮

5.3　AI 特效的应用实例

在AI特效的灵感面板中，有许多描述词可用，借用这些描述词，可以让图片瞬间变得魅力十足，且风格百变。本节将为大家介绍相应的应用实例，帮助大家掌握相应的图片生成技巧。

5.3.1　生成古风人物图像

扫码看教学视频

【效果对比】：古风人物有着独特的魅力，无论是汉服古风人物，还是民族风古风人物，都会带有一种迷人的神秘感，原图与效果图对比如图5-43所示。

图 5-43　原图与效果图对比

下面介绍生成古风人物图像的操作方法。

步骤 01 在剪映手机版中导入图片，点击“特效”按钮，如图5-44所示。

步骤 02 在弹出的二级工具栏中点击“AI特效”按钮，如图5-45所示。

步骤 03 弹出相应的面板，点击“灵感”按钮，如图5-46所示。

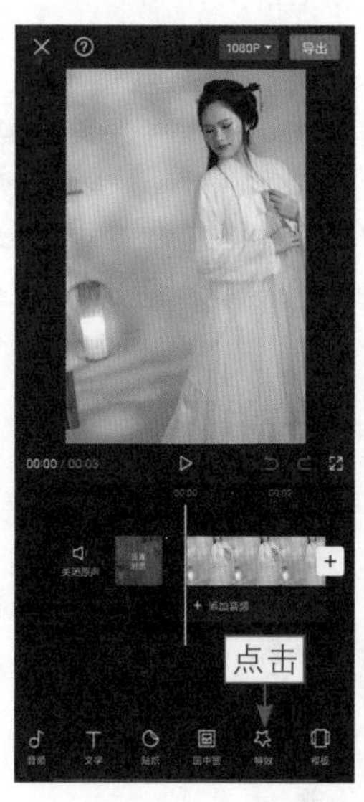

图 5-44　点击“特效”按钮

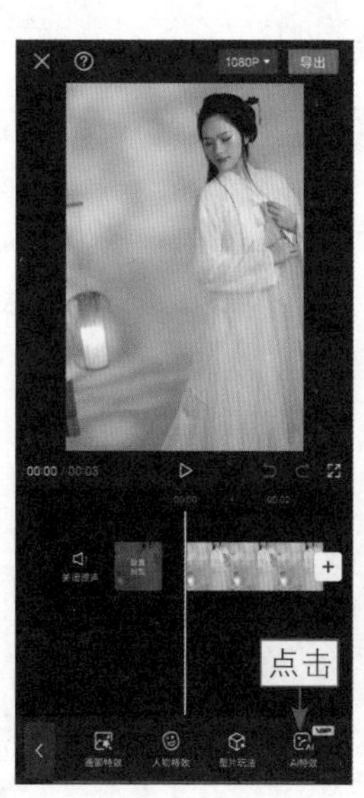

图 5-45　点击“AI 特效”按钮

图 5-46　点击“灵感”按钮

步骤 04 在“灵感”界面中，点击所选模板下的“试一试”按钮，如图5-47所示。

步骤 05 在“AI特效”面板中点击“生成”按钮，如图5-48所示。

步骤 06 弹出“效果预览”面板，❶选择第3个选项；❷点击“应用”按钮，如图5-49所示，生成古风人物图像。

图 5-47　点击“试一试”按钮

图 5-48　点击“生成”按钮

图 5-49　点击“应用”按钮

★ 专 家 提 醒 ★

在选择最终效果的时候，大家可以根据喜好进行选择，没有固定的要求。

5.3.2　生成机甲少女图像

扫码看教学视频

【效果对比】：机甲不仅是科技的象征，更是人类对未知的挑战和探索，当将机甲与女孩结合在一起以后，就会创造出无限可能，原图与效果图对比如图5-50所示。

图 5-50　原图与效果图对比

下面介绍生成机甲少女图像的操作方法。

步骤 01 在剪映手机版中导入图片，点击“特效”按钮，如图5-51所示。

步骤 02 在弹出的二级工具栏中点击“AI特效”按钮，如图5-52所示。

步骤 03 ❶选择CG I 模型；❷点击“灵感”按钮，如图5-53所示。

图 5-51　点击“特效”按钮

图 5-52　点击“AI 特效”按钮

图 5-53　点击“灵感”按钮

步骤 04 在“灵感”界面中，点击所选模板下的“试一试”按钮，如图 5-54 所示。

步骤 05 在“AI特效”面板中，点击“生成”按钮，如图5-55所示。

步骤 06 弹出“效果预览”面板，❶默认选择第1个选项；❷点击“应用”按钮，如图5-56所示，生成机甲少女图像。

图 5-54　点击“试一试”按钮

图 5-55　点击“生成”按钮

图 5-56　点击“应用”按钮

5.3.3　生成中秋仙女图像

【效果对比】：利用唯美的图片可以生成浪漫的中秋仙女图像，让图像变得更加梦幻，原图与效果图对比如图5-57所示。

图 5-57　原图与效果图对比

下面介绍生成中秋仙女图像的操作方法。

步骤 01 在剪映手机版中导入图片，点击“特效”按钮，如图5-58所示。

步骤 02 在弹出的二级工具栏中点击“AI特效”按钮，如图5-59所示。

步骤 03 弹出相应的面板，点击“灵感”按钮，如图5-60所示。

图 5-58　点击“特效”按钮

图 5-59　点击“AI 特效”按钮

图 5-60　点击“灵感”按钮

步骤 04 在“灵感”界面中，点击所选模板下的“试一试”按钮，如图5-61所示。

步骤 05 在“AI特效”面板中，点击“生成”按钮，如图5-62所示。

步骤 06 弹出“效果预览”面板，❶默认选择第1个选项；❷点击“应用”按钮，如图5-63所示，生成中秋仙女图像。

图 5-61　点击“试一试”按钮

图 5-62　点击“生成”按钮

图 5-63　点击“应用”按钮

5.3.4　生成朋克女孩图像

扫码看教学视频

【效果对比】：朋克女孩有着叛逆的特点，非主流的形象有着不受束缚的个性特征，同时也是开放的，在输入描述词的时候，可以从发型、服装上进行变动，原图与效果图对比如图5-64所示。

图 5-64　原图与效果图对比

下面介绍生成朋克女孩图像的操作方法。

步骤 01 在剪映手机版中导入图片，点击“特效”按钮，如图5-65所示。

步骤 02 在弹出的二级工具栏中点击“AI特效”按钮，如图5-66所示。

图 5-65　点击“特效”按钮

图 5-66　点击“AI 特效”按钮

步骤 03 ❶点击面板的空白处；❷点击×按钮，如图5-67所示，清空描述词。

步骤 04 ❶输入描述词；❷点击“完成”按钮，如图5-68所示。

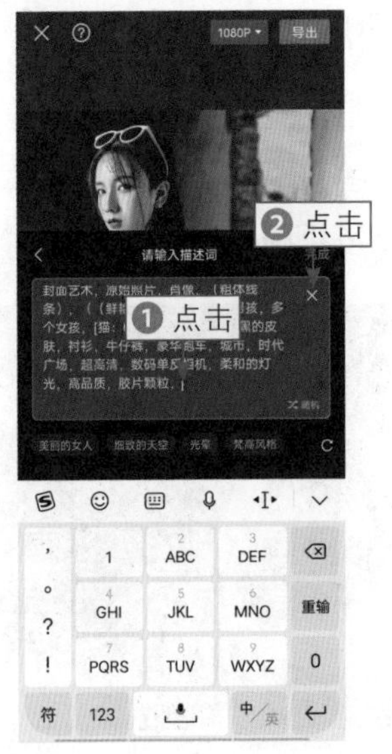

图 5-67　点击相应的按钮

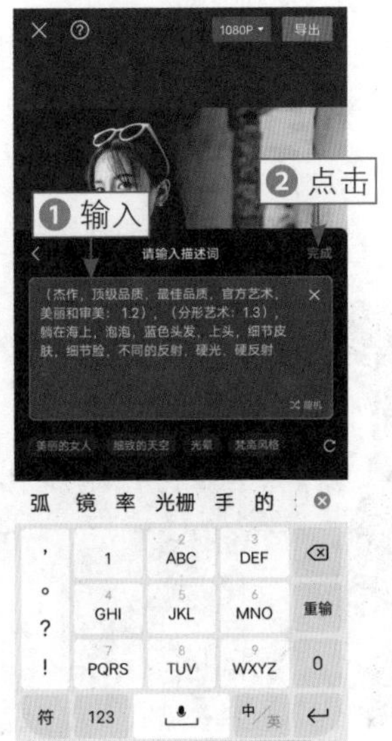

图 5-68　点击“完成”按钮

步骤 05 在“AI特效”面板中，点击“生成”按钮，如图5-69所示。

步骤 06 弹出“效果预览”面板，❶选择第2个选项；❷点击“应用”按钮，如图5-70所示，生成朋克女孩图像。

图 5-69　点击“生成”按钮

图 5-70　点击“应用”按钮

5.3.5　生成梦幻插画图像

扫码看教学视频

【效果对比】：如何将一张普通的照片变成一幅画？在剪映中使用相应的描述词，就可以“妙笔生花”，让其变成一幅梦幻的插画，原图与效果图对比如图5-71所示。

图 5-71　原图与效果图对比

下面介绍生成梦幻插画的操作方法。

步骤 01 导入图片，依次点击“特效”按钮和“AI特效”按钮，如图5-72所示。

步骤 02 弹出相应的面板，点击“灵感”按钮，如图5-73所示。

图 5-72　点击“AI 特效”按钮

图 5-73　点击“灵感”按钮

步骤 03 在“灵感”界面中，点击所选模板下的“试一试”按钮，如图 5-74 所示。

步骤 04 在“AI特效”面板中，点击“生成”按钮，如图5-75所示。

图 5-74　点击“试一试”按钮

图 5-75　点击“生成”按钮

步骤05 ❶选择第2个选项；❷点击“调整”按钮，如图5-76所示。

步骤06 ❶设置“相似度”参数为100；❷点击“重新生成”按钮，重新生成图像，如图5-77所示，点击“应用”按钮，生成梦幻插画。

图5-76　点击“调整”按钮

图5-77　点击相应的按钮

5.3.6　生成时尚摄影图像

扫码看教学视频

【效果对比】：如果摄影写真照片的效果很平庸，在剪映中使用AI特效功能，就可以对其进行“重塑”，让图像更有时尚感，原图与效果图对比如图5-78所示。

图5-78　原图与效果图对比

下面介绍生成时尚摄影图像的操作方法。

步骤 01 在剪映手机版中导入图片，点击“特效”按钮，如图5-79所示。

步骤 02 在弹出的二级工具栏中点击“AI特效”按钮，如图5-80所示。

图 5-79 点击“特效”按钮

图 5-80 点击“AI 特效”按钮

步骤 03 弹出相应的面板，点击“灵感”按钮，如图5-81所示。

步骤 04 在“灵感”界面中，点击所选模板下的“试一试”按钮，如图5-82所示。

图 5-81 点击“灵感”按钮

图 5-82 点击“试一试”按钮

步骤 05 在“AI特效”面板中，点击“生成”按钮，如图5-83所示。

步骤 06 弹出“效果预览”面板，❶选择第2个选项；❷点击“应用”按钮，如图5-84所示，生成时尚摄影图像。

图 5-83 点击“生成”按钮

图 5-84 点击“应用”按钮

第 6 章　神奇的 AI 图片玩法

使用剪映的AI图片玩法功能，可以对图片进行“变身”，尤其是人像图片，玩法更丰富。既可以制作出静态的效果，也可以生成动态的视频效果，利用这个功能，能将图片素材打造出更多的创意效果。本章将为大家讲解相应的内容，希望大家可以掌握AI图片玩法。

6.1　用 AI 制作图片静态效果

在剪映中使用AI制作图片静态效果时，需要先导入素材，再选择相应的玩法。本节将为大家介绍使用方法，不过需要注意，即使是相同的图片，剪映每次生成的图片效果也可能有细微的变动。

6.1.1　生成AI写真照片

扫码看教学视频

【效果对比】：在“AI写真”选项卡中，有哥特风、暗黑风和古风等类型的写真照片风格可选，用户可以根据图片风格进行选择，生成相应的写真照片，原图与效果图对比如图6-1所示。

图 6-1　原图与效果图对比

下面介绍生成AI写真照片的操作方法。

步骤 01 在剪映手机版中导入图片素材，点击“特效”按钮，如图6-2所示。

步骤 02 在弹出的二级工具栏中点击“图片玩法”按钮，如图6-3所示。

步骤 03 弹出“图片玩法”面板，❶切换至“AI写真”选项卡；❷选择“哥特少女”选项；❸弹出生成效果进度提示，如图6-4所示。

步骤 04 稍等片刻，即可生成AI写真照片，效果如图6-5所示。

图 6-2 点击“特效”按钮

图 6-3 点击“图片玩法”按钮

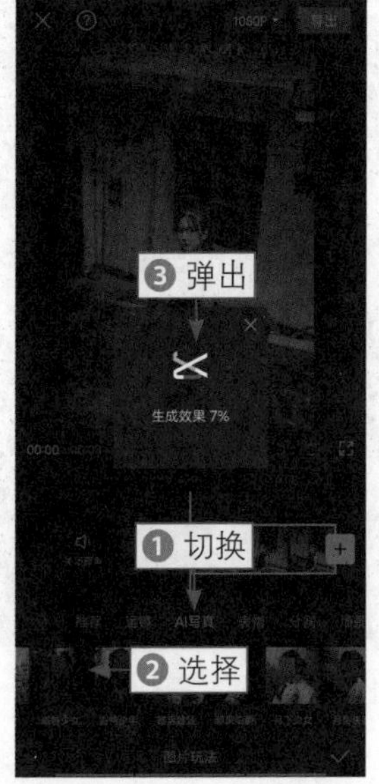

图 6-4 弹出生成效果进度提示

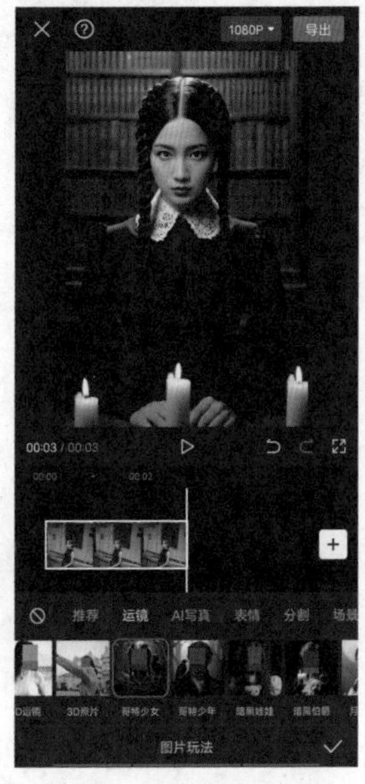

图 6-5 生成 AI 写真照片

6.1.2 用AI改变人物表情

扫码看教学视频

【效果对比】：在剪映中使用AI图片玩法功能，可以让面无表情的人物微笑或者难过，改变人物的表情，原图与效果图对比如图6-6所示。

图 6-6　原图与效果图对比

下面介绍用AI改变人物表情的操作方法。

步骤 01 在剪映手机版中导入图片素材，点击“特效”按钮，如图6-7所示。

步骤 02 在弹出的二级工具栏中点击“图片玩法”按钮，如图6-8所示。

图 6-7　点击“特效”按钮

图 6-8　点击“图片玩法”按钮

步骤 03 弹出“图片玩法”面板，❶切换至“表情”选项卡；❷选择“梨涡笑”选项；❸弹出生成效果进度提示，如图6-9所示。

步骤04 稍等片刻，即可改变人物的表情，如图6-10所示。

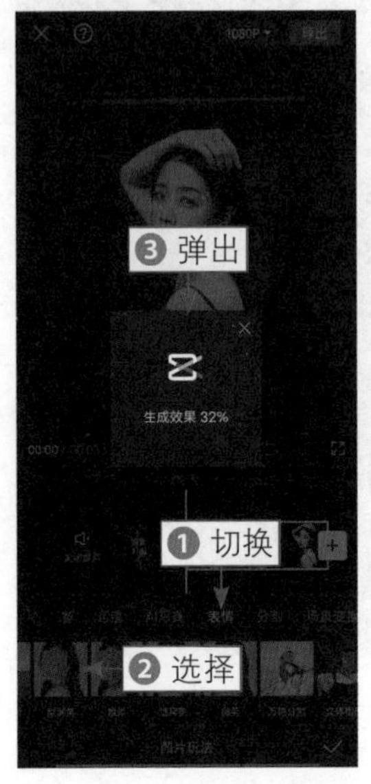

图 6-9　弹出生成效果进度提示

图 6-10　改变人物的表情

6.1.3　用AI实现魔法换天

扫码看教学视频

【效果对比】：使用魔法换天功能，可以把图片中的天空换成有大月亮的天空，云朵和天空的颜色也会改变，原图与效果图对比如图6-11所示。

图 6-11　原图与效果图对比

下面介绍用AI实现魔法换天的操作。

步骤01 在剪映手机版中导入图片素材，点击“特效”按钮，如图6-12所示。

步骤02 在弹出的二级工具栏中点击“图片玩法”按钮，如图6-13所示。

步骤03 弹出“图片玩法”面板，❶切换至“场景变换”选项卡；❷选择“魔法换天Ⅱ”选项，稍等片刻，即可改变图片中的天空，如图6-14所示。

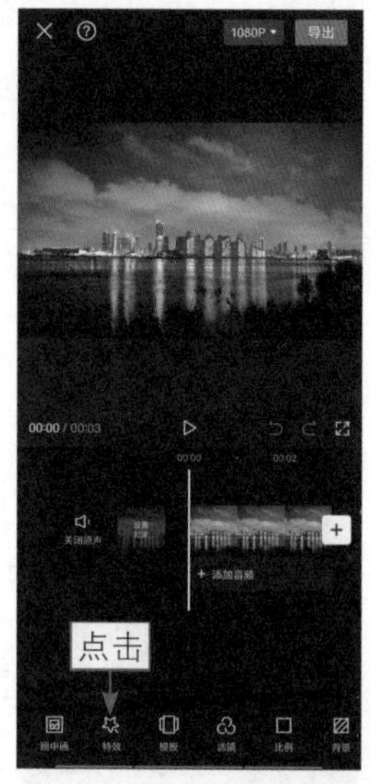

图 6-12　点击“特效”按钮

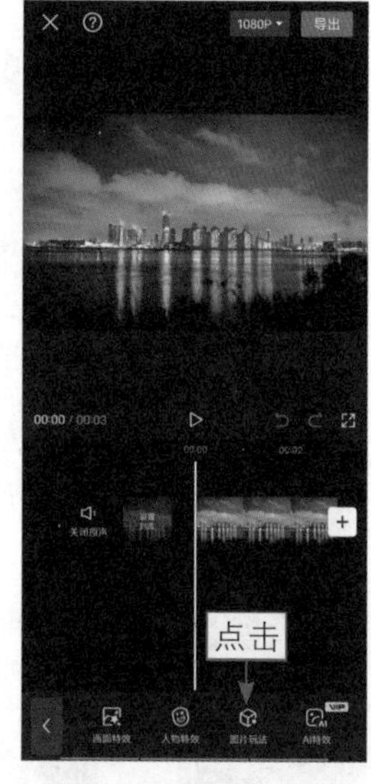

图 6-13　点击“图片玩法”按钮

图 6-14　选择“魔法换天Ⅱ”选项

6.1.4　用AI给人物换脸

扫码看教学视频

【效果对比】：使用剪映中的AI换脸功能，可以为人物换脸，比如把成人变成小孩的样子，原图与效果图对比如图6-15所示。

图 6-15　原图与效果图对比

下面介绍用AI给人物换脸的操作方法。

步骤 01 在剪映手机版中导入图片素材，点击“特效”按钮，如图6-16所示。

步骤 02 在弹出的二级工具栏中点击“图片玩法”按钮，如图6-17所示。

步骤 03 弹出“图片玩法”面板，❶切换至“变脸”选项卡；❷选择“变宝宝”选项，稍等片刻，即可把成人变成小孩，如图6-18所示。

图 6-16　点击“特效”按钮

图 6-17　点击“图片玩法”按钮

图 6-18　选择“变宝宝”选项

6.1.5　用AI绘制漫画

扫码看教学视频

【效果对比】：使用剪映中的AI绘画功能，可以把人物图片变成二次元漫画的形式，原图与效果图对比如图6-19所示。

图 6-19　原图与效果图对比

下面介绍用AI绘制漫画的操作方法。

步骤 01 在剪映手机版中导入图片素材，❶选择素材；❷点击“抖音玩法”按钮，如图6-20所示。

步骤 02 弹出“抖音玩法”面板，❶切换至“AI绘画”选项卡；❷选择“精灵”选项，稍等片刻，即可绘制漫画，如图6-21所示。

图 6-20　点击“抖音玩法”按钮

图 6-21　选择“精灵”选项

6.2　用 AI 制作图片动态效果

在剪映中，除了使用AI图片玩法和抖音玩法制作图片的静态效果，还可制作动态效果，让图片变成会动的视频。不过，大部分AI玩法都需要开通剪映会员才能使用。即使是相同的图片，每次生成的视频也可能会有细微的变动。本节将为大家介绍相应的操作方法。

6.2.1　制作时空穿越动态效果

扫码看教学视频

【效果展示】：制作时空穿越动态效果，可以让图片中的人物变身，并在几秒的时间内在现代和古代的场景中切换，效果如图6-22所示。

图 6-22　效果展示

下面介绍制作时空穿越动态效果的操作方法。

步骤 01 在剪映手机版中导入图片，点击“特效”按钮，如图6-23所示。

步骤 02 在弹出的二级工具栏中点击“图片玩法”按钮，如图6-24所示。

步骤 03 弹出“图片玩法”面板，❶切换至“运镜”选项卡；❷选择“时空穿越”选项；❸弹出生成效果进度提示，如图6-25所示。生成的时间较长，用户需要耐心等待。

图 6-23　点击“特效”按钮

图 6-24　点击“图片玩法”按钮

图 6-25　弹出进度提示

步骤 04 稍等片刻，即可生成10s的视频，效果如图6-26所示，之后添加音乐。

步骤 05 在一级工具栏中点击“音频”按钮，如图6-27所示。

步骤 06 在弹出的二级工具栏中点击“提取音乐”按钮，如图6-28所示。

图 6-26　生成 10s 的视频效果

图 6-27　点击“音频”按钮

图 6-28　点击“提取音乐”按钮

步骤 07 进入“照片视频”界面，❶选择视频素材；❷点击“仅导入视频的声音”按钮，如图6-29所示。

步骤 08 把视频中的音频素材提取出来，再调整音频素材的时长，使其与视频的时长一致，如图6-30所示。

图 6-29　点击“仅导入视频的声音”按钮

图 6-30　调整音频素材的时长

6.2.2 制作无限穿越动态效果

扫码看教学视频

【效果展示】：无限穿越效果是比较偏美漫风的一种AI视频效果，科技元素比较多，给予非常大的想象空间，效果如图6-31所示。

图6-31 效果展示

下面介绍制作无限穿越动态效果的操作方法。

步骤 01 在剪映手机版中导入图片，点击“特效”按钮，如图6-32所示。

步骤 02 在弹出的二级工具栏中点击“图片玩法”按钮，如图6-33所示。

步骤 03 弹出“图片玩法”面板，❶切换至“运镜”选项卡；❷选择“无限穿越”选项。稍等片刻，即可生成相应的视频效果，如图6-34所示。

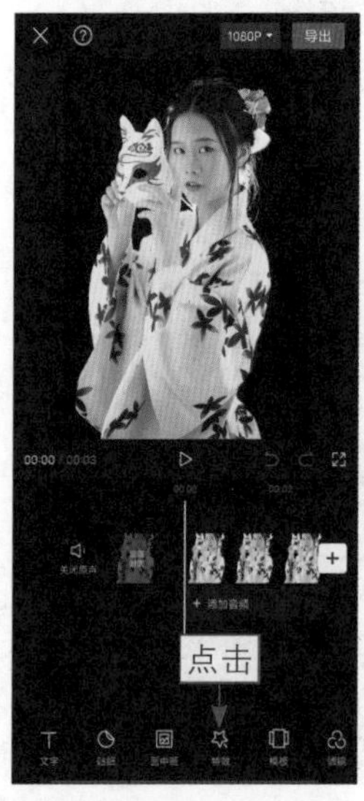

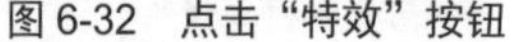

图6-32 点击“特效”按钮

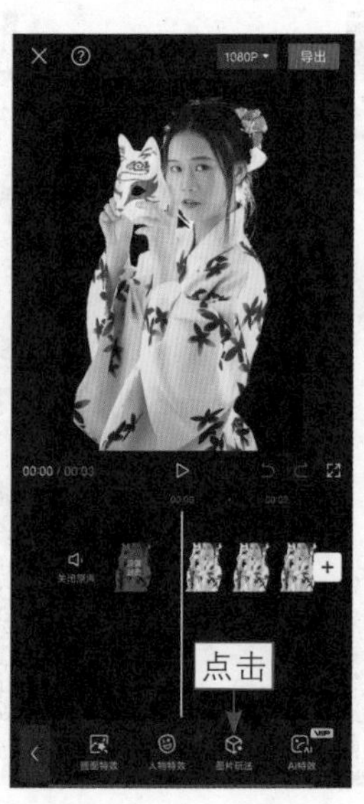

图6-33 点击“图片玩法”按钮

❶ 切换
❷ 选择

图6-34 选择“无限穿越”选项

步骤 04 在一级工具栏中点击“音频”按钮，如图6-35所示。

步骤 05 在弹出的二级工具栏中点击“提取音乐”按钮，如图6-36所示。

步骤 06 进入“照片视频”界面，❶选择视频素材；❷点击“仅导入视频的声音”按钮，如图6-37所示，添加背景音乐。

图 6-35　点击“音频”按钮

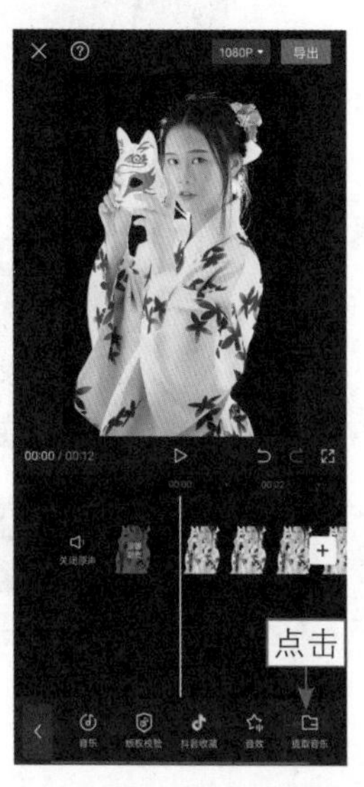

图 6-36　点击“提取音乐”按钮

图 6-37　点击相应的按钮

6.2.3　制作古风穿越动态效果

扫码看教学视频

【效果展示】：在古风穿越效果中，现代人物和场景都会变成古代的样式，具有古朴典雅的氛围，效果如图6-38所示。

图 6-38　效果展示

下面介绍制作古风穿越动态视频的操作方法。

步骤 01 导入图片，依次点击“特效”按钮和“图片玩法”按钮，如图6-39所示。

步骤 02 弹出“图片玩法”面板，❶ 切换至“运镜”选项卡；❷ 选择“古风穿越”选项。稍等片刻，即可生成相应的视频效果，如图 6-40 所示。

步骤 03 依次点击“音频”按钮和“提取音乐”按钮，如图6-41所示。

步骤 04 进入“照片视频”界面，❶选择视频素材；❷点击“仅导入视频的声音”按钮，如图6-42所示，添加背景音乐。

图6-39　点击“图片玩法”按钮

图6-40　选择“古风穿越”选项

图6-41　点击“提取音乐”按钮

图6-42　点击“仅导入视频的声音”按钮

6.2.4　制作花火大会动态效果

【效果展示】：花火大会效果具有日系动漫唯美的特点，浅色调和烟花场景是其主要的亮点，效果如图6-43所示。

图6-43　效果展示

下面介绍制作花火大会动态效果的操作方法。

步骤01 导入图片，依次点击“特效”按钮和“图片玩法”按钮，如图6-44所示。

步骤02 弹出“图片玩法”面板，❶切换至“运镜”选项卡；❷选择“花火大会”选项。稍等片刻，即可生成相应的视频效果，如图6-45所示。

图6-44　点击“图片玩法”按钮

图6-45　选择“花火大会”选项

步骤03 依次点击“音频”按钮和“提取音乐”按钮，如图6-46所示。

步骤04 进入“照片视频”界面，❶选择视频素材；❷点击“仅导入视频的声音”按钮，如图6-47所示，添加背景音乐。

图6-46 点击“提取音乐”按钮

图6-47 点击“仅导入视频的声音”按钮

6.2.5 制作漫画动态效果

扫码看教学视频

【效果展示】：漫画动态效果属于韩漫风格，场景和人物比较现代化，具有都市感，效果如图6-48所示。

图6-48 效果展示

下面介绍制作漫画动态效果的操作方法。

步骤01 导入图片，依次点击“特效”按钮和“图片玩法”按钮，如图6-49所示。

步骤 02 弹出“图片玩法”面板，❶切换至“运镜”选项卡；❷选择“漫画”选项。稍等片刻，即可生成相应的视频效果，如图6-50所示。

图 6-49　点击“图片玩法”按钮

图 6-50　选择“漫画”选项

步骤 03 依次点击“音频”按钮和“提取音乐”按钮，如图6-51所示。

步骤 04 进入“照片视频”界面，❶选择视频素材；❷点击“仅导入视频的声音”按钮，如图6-52所示，添加背景音乐。

图 6-51　点击“提取音乐”按钮

图 6-52　点击“仅导入视频的声音”按钮

6.2.6　制作摇摆运镜动态效果

扫码看教学视频

【效果展示】：摇摆运镜效果可以让图片中的人物晃动，这种效果在搞笑视频中是比较常见的，效果如图6-53所示。

图 6-53　效果展示

下面介绍制作摇摆运镜动态效果的操作方法。

步骤 01 导入图片，依次点击“特效”按钮和“图片玩法”按钮，如图6-54所示。

步骤 02 弹出“图片玩法”面板，❶切换至“运镜”选项卡；❷选择“摇摆运镜”选项。稍等片刻，即可生成相应的视频效果，如图6-55所示。

图 6-54　点击“图片玩法”按钮

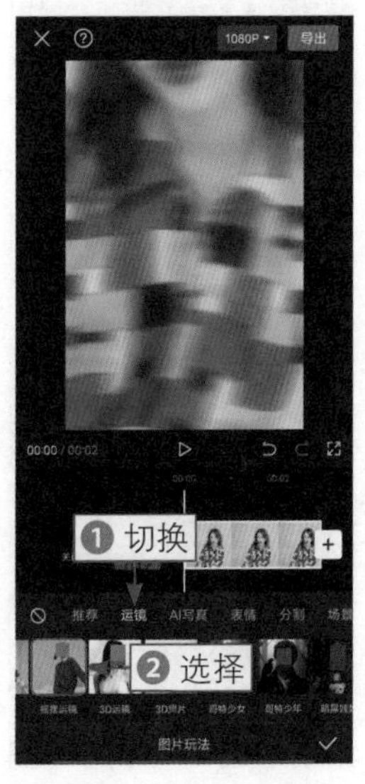

图 6-55　选择“摇摆运镜”选项

步骤 03 依次点击“音频”按钮和“提取音乐”按钮，如图6-56所示。

步骤 04 进入“照片视频”界面，❶选择视频素材；❷点击“仅导入视频的声音”按钮，如图6-57所示，添加背景音乐。

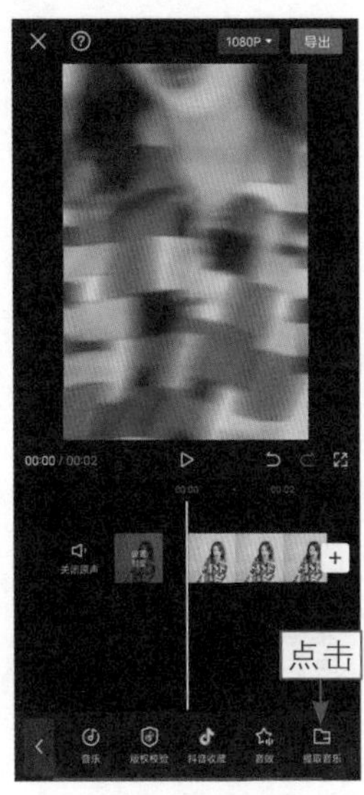

图 6-56　点击“提取音乐”按钮

图 6-57　点击“仅导入视频的声音”按钮

6.2.7　制作3D运镜动态效果

扫码看教学视频

【效果展示】：3D运镜效果主要是把人物抠出来进行放大或者缩小，这种效果具有立体感和现场感，效果如图6-58所示。

图 6-58　效果展示

下面介绍制作3D运镜动态效果的操作方法。

步骤 01 导入图片，依次点击"特效"按钮和"图片玩法"按钮，如图 6-59 所示。

步骤 02 弹出"图片玩法"面板，❶切换至"运镜"选项卡；❷选择"3D运镜"选项，稍等片刻，即可生成相应的视频效果，如图6-60所示。

图 6-59　点击"图片玩法"按钮

图 6-60　选择"3D 运镜"选项

步骤 03 依次点击"音频"按钮和"提取音乐"按钮，如图6-61所示。

步骤 04 进入"照片视频"界面，❶选择视频素材；❷点击"仅导入视频的声音"按钮，如图6-62所示，添加背景音乐。

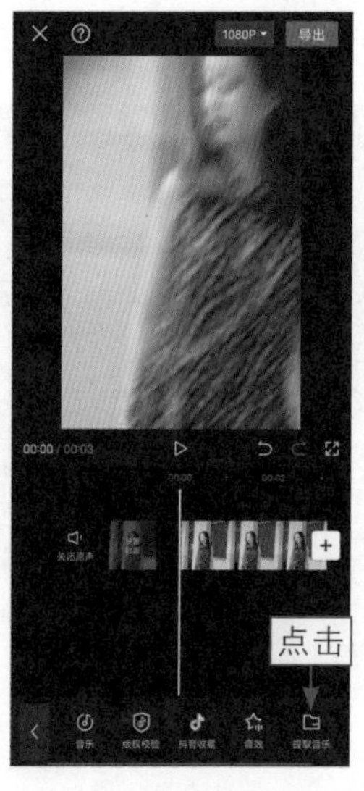

图 6-61　点击"提取音乐"按钮

图 6-62　点击"仅导入视频的声音"按钮

6.2.8　制作图片分割动态效果

扫码看教学视频

【效果展示】：图片分割效果主要是把人物图片分为几个部分，然后再一个一个部分地展示和拼接，具有强调的作用，效果如图6-63所示。

图 6-63　效果展示

下面介绍制作图片分割动态效果的操作方法。

步骤 01 导入图片，依次点击“特效”按钮和“图片玩法”按钮，❶切换至“分割”选项卡；❷选择“万物分割”选项，即可生成相应的视频效果，如图6-64所示。

步骤 02 依次点击“音频”按钮和“提取音乐”按钮，进入“照片视频”界面，❶ 选择视频；❷ 点击“仅导入视频的声音”按钮，如图 6-65 所示，添加背景音乐。

图 6-64　选择“万物分割”选项

图 6-65　点击“仅导入视频的声音”按钮

第 7 章　文字成片与后期剪辑

剪映的文字成片功能非常强大，用户只需提供文案，就能获得一个有字幕、朗读音频、背景音乐和画面的视频。本章主要介绍使用文字成片功能生成视频和文字成片视频的后期编辑，帮助大家快速制作短视频。

7.1　使用文字成片功能生成视频

在创作短视频的过程中，用户常常会遇到这样一个问题：怎么又快又好地写出视频文案呢？如何快速生成视频呢？剪映的文字成片功能就能满足这个需求。用户只需要在文字成片面板中粘贴文案或文章链接，点击“生成视频”按钮，选择喜欢的成片方式，即可借助AI生成相应的视频。

本节主要介绍使用文字成片功能生成视频的具体操作，帮助大家快速制作出短视频。不过需要注意的是，即使是相同的文案，剪映每次生成的视频也不一样。

7.1.1　AI智能写文案

扫码看教学视频

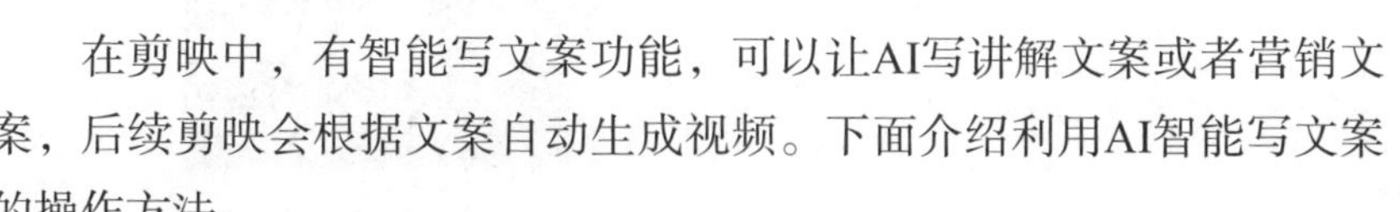

在剪映中，有智能写文案功能，可以让AI写讲解文案或者营销文案，后续剪映会根据文案自动生成视频。下面介绍利用AI智能写文案的操作方法。

步骤 01 打开剪映手机版，进入“剪辑”界面，在其中点击“文字成片”按钮，如图7-1所示。

步骤 02 进入“文字成片”界面，点击“智能写文案”按钮，如图7-2所示。

图 7-1　点击“文字成片”按钮

图 7-2　点击“智能写文案”按钮

步骤 03 弹出相应的面板，❶点击“写讲解文案”按钮；❷输入“写一篇介绍春节的文案”；❸点击 按钮，如图7-3所示。

步骤 04 稍等片刻，即可生成相应的文案，如图7-4所示。

图 7-3　点击相应的按钮

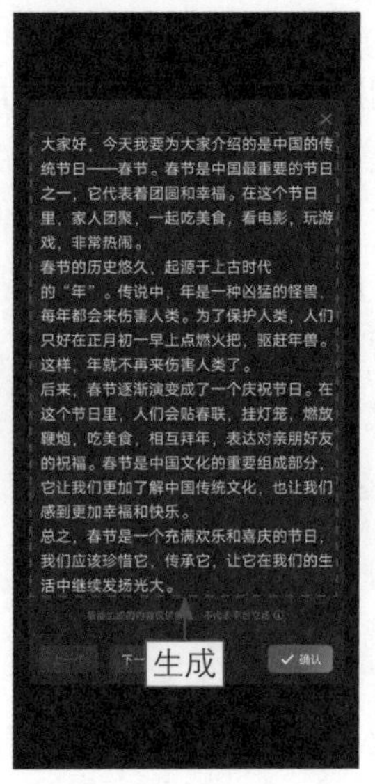

图 7-4　即可生成相应的文案

7.1.2　从链接中获取文案

扫码看教学视频

想要从链接中获取文案，用户需要先选好头条文章，并复制文章的链接，粘贴到“文字成片”界面中，就可以通过AI提取文章的文案内容。

下面介绍从链接中获取文案的操作方法。

步骤 01 在手机界面中，点击“今日头条”图标，如图7-5所示，打开软件。

步骤 02 ❶在搜索栏中输入“学摄影最重要的是什么”；❷点击“搜索”按钮，如图7-6所示。

步骤 03 弹出相应的搜索结果，点击相应文章的标题，如图 7-7所示。

图7-5　点击“今日头条”图标

图 7-6　点击“搜索”按钮

步骤 04 进入文章详情界面，点击右上角的···按钮，如图7-8所示。

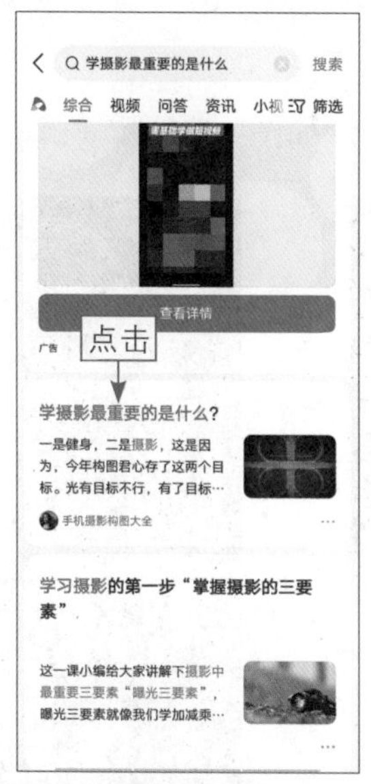

图 7-7　点击相应文章的标题

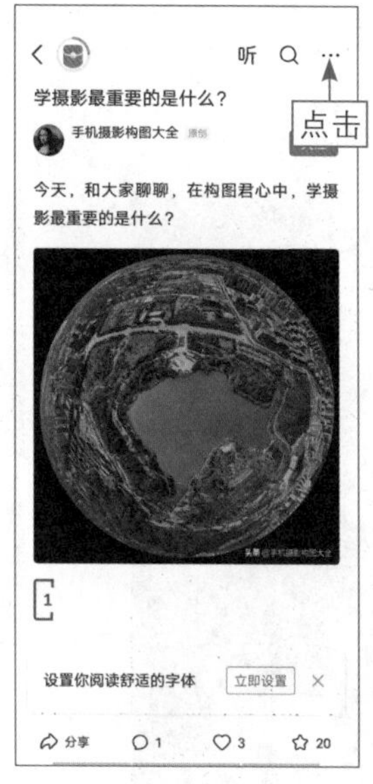

图 7-8　点击相应的按钮（1）

步骤 05 弹出相应的面板，点击“复制链接”按钮，如图7-9所示。

步骤 06 打开剪映手机版，进入“剪辑”界面，在其中点击“文字成片”按钮，如图7-10所示。

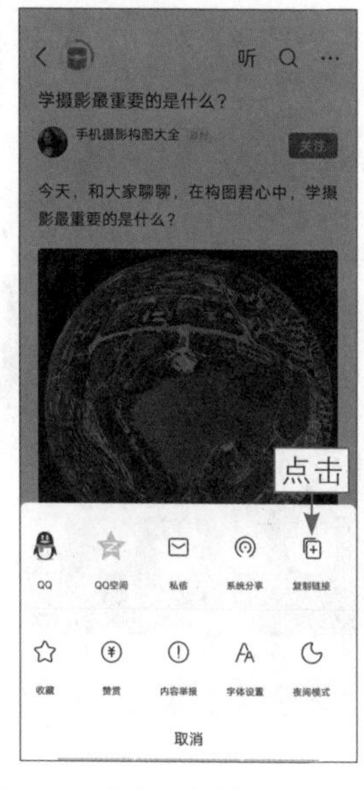

图 7-9　点击“复制链接”按钮

图 7-10　点击“文字成片”按钮

步骤 07 进入“文字成片”界面，点击🔗按钮，如图7-11所示。

步骤 08 ❶将复制的文章链接粘贴到文本框中；❷点击“获取文案”按钮，如图7-12所示。

步骤 09 稍等片刻，即可获取文章的文案内容，如图7-13所示。

图 7-11 点击相应的按钮（2）

图 7-12 点击“获取文案”按钮

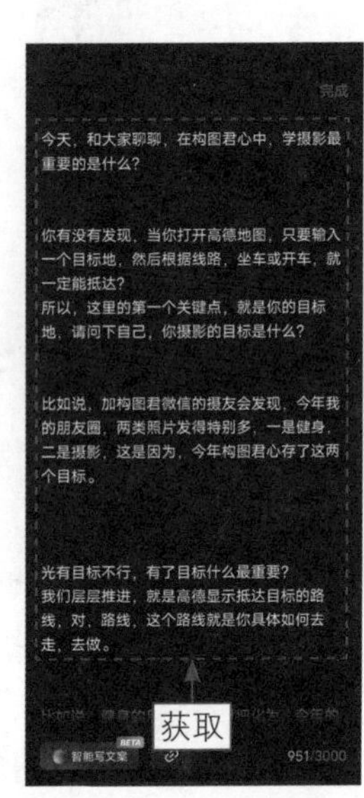

图 7-13 即可获取文章的文案

7.1.3 智能匹配素材

扫码看教学视频

【效果展示】：文字成片中的智能匹配素材功能，可以为文字自动匹配视频、图片、音频和文字素材，快速制作短视频，效果如图7-14所示。

图 7-14 效果展示

下面介绍智能匹配素材的操作方法。

步骤 01 进入“剪辑”界面，在其中点击“文字成片”按钮，如图7-15所示。

步骤02 进入“文字成片”界面，❶输入文案；❷点击“生成视频”按钮，如图7-16所示。

图7-15　点击“文字成片”按钮

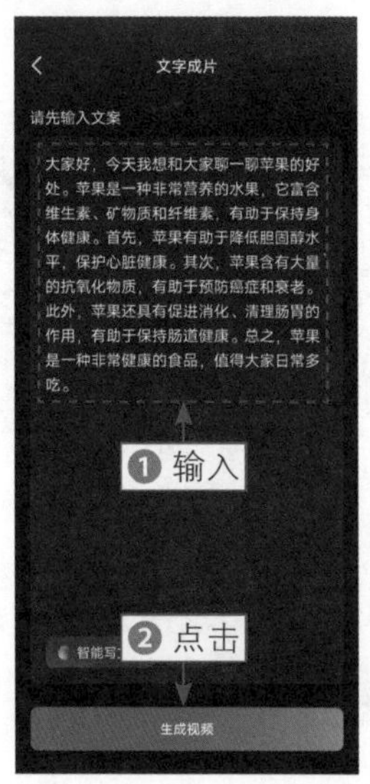

图7-16　点击“生成视频”按钮

步骤03 弹出“请选择成片方式”面板，在其中选择“智能匹配素材”选项，如图7-17所示。

步骤04 稍等片刻，即可生成一段视频，点击“导出”按钮，如图7-18所示，导出视频。

图7-17　选择“智能匹配素材”选项

图7-18　点击“导出”按钮

7.1.4 使用本地素材

【效果展示】：在进行文字成片的过程中，还可以手动添加手机本地相册中的视频或者图片素材，效果如图7-19所示。

图 7-19 效果展示

下面介绍使用本地素材的操作方法。

步骤 01 进入“剪辑”界面，在其中点击“文字成片”按钮，进入“文字成片”界面，❶输入文案；❷点击“生成视频”按钮，如图7-20所示。

步骤 02 弹出“请选择成片方式”面板，在其中选择“使用本地素材”选项，如图7-21所示。

图 7-20 点击“生成视频”按钮

图 7-21 选择“使用本地素材”选项

步骤 03 稍等片刻，即可生成一段视频，点击“添加素材”按钮，如图7-22所示。

步骤 04 ❶切换至“照片视频” | “照片”选项卡；❷选择一张猫咪图片，如图7-23所示。

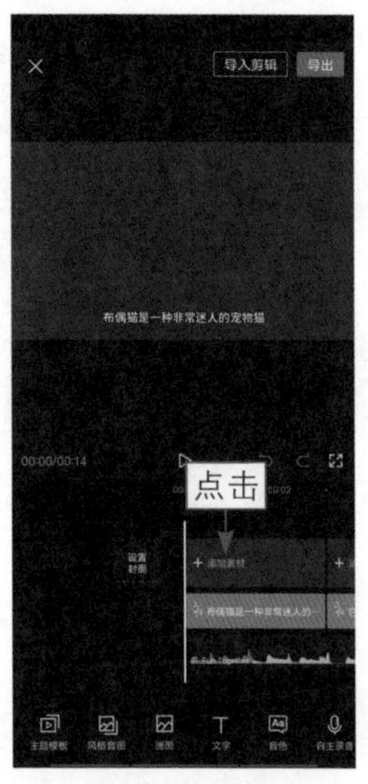

图 7-22　点击“添加素材”按钮

图 7-23　选择一张猫咪图片

步骤 05 ❶点击第2段空白处；❷选择第2张猫咪图片，如图7-24所示。

步骤 06 ❶点击第3段空白处；❷选择第3张猫咪图片，如图7-25所示。

步骤 07 ❶点击第4段空白处；❷选择第4张猫咪图片；❸点击✕按钮，确认更改，如图7-26所示，最后点击“导出”按钮，导出视频。

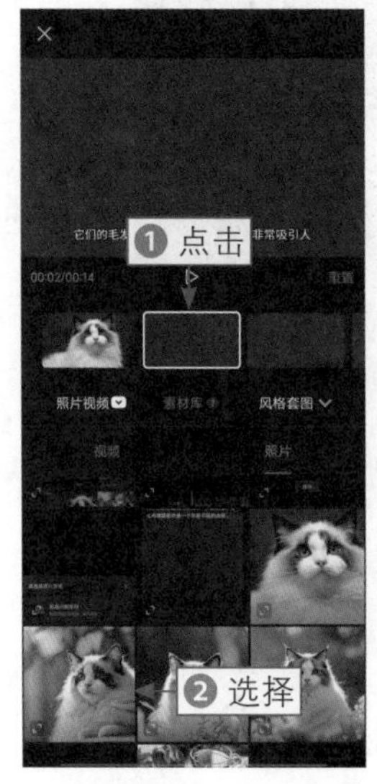

图 7-24　选择第 2 张猫咪图片

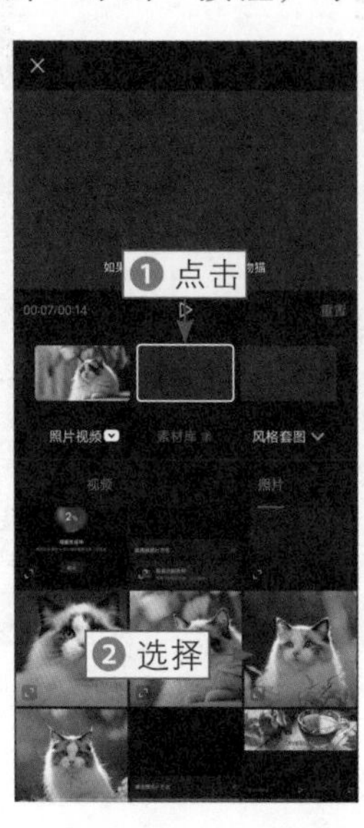

图 7-25　选择第 3 张猫咪图片

图 7-26　点击相应的按钮

7.1.5 智能匹配表情包

【效果展示】：在使用文字成片功能时，AI还可以根据文案内容匹配网感十足的表情包，让视频更有幽默感，不过使用该功能需要开通剪映会员，效果如图7-27所示。

图7-27 效果展示

下面介绍智能匹配表情包的操作方法。

步骤01 进入“剪辑”界面，在其中点击“文字成片”按钮，进入“文字成片”界面，❶输入文案；❷点击“生成视频”按钮，如图7-28所示。

步骤02 弹出“请选择成片方式”面板，在其中选择“智能匹配表情包”选项，如图7-29所示。

图7-28 点击“生成视频”按钮

图7-29 选择“智能匹配表情包”选项

步骤03 稍等片刻，即可生成一段视频，点击“导入剪辑”按钮，如图7-30所示。

步骤04 进入视频编辑界面，在一级工具栏中点击“背景”按钮，如图7-31所示。

图 7-30　点击“导入剪辑”按钮

图 7-31　点击“背景”按钮

步骤 05 在弹出的二级工具栏中点击“画布样式”按钮，如图7-32所示。

步骤 06 弹出“画布样式”面板，❶选择一个背景；❷点击“全局应用”按钮，将背景应用于所有的片段，如图7-33所示。

图 7-32　点击“画布样式”按钮

图 7-33　点击“全局应用”按钮

★ 专 家 提 醒 ★

如果视频背景是黑色的，那么就可以为视频添加背景，让画面不那么单调。

7.2 文字成片视频的后期编辑

使用文字成片功能生成的视频，可以再导入剪映中进行编辑，比如添加转场、特效和滤镜等效果，让视频画面更精彩。本节将为大家介绍相应的操作方法，帮助大家掌握文字成片视频的后期编辑技巧。

7.2.1 添加转场效果

扫码看教学视频

【效果展示】：在素材之间添加转场效果，可以让素材之间的切换更加自然，如果是图片素材，还可以添加相应的贴纸，增加视频的趣味性，效果如图7-34所示。

图7-34 效果展示

下面介绍添加转场效果的操作方法。

步骤01 进入"剪辑"界面，在其中点击"文字成片"按钮，进入"文字成片"界面，❶输入文案；❷点击"生成视频"按钮，如图7-35所示。

步骤02 弹出"请选择成片方式"面板，在其中选择"智能匹配素材"选项，如图7-36所示。

步骤03 稍等片刻，即可生成一段视频，点击"导入剪辑"按钮，如图7-37所示。

步骤04 点击第1段素材和第2

图7-35 点击"生成视频"按钮

图7-36 选择"智能匹配素材"选项

段素材之间的转场按钮|，如图7-38所示。

图 7-37　点击“导入剪辑”按钮

图 7-38　点击转场按钮

步骤 05 弹出“转场”面板，❶切换至“叠化”选项卡；❷选择“叠化”转场；❸点击“全局应用”按钮，将转场应用于所有片段，如图7-39所示。

步骤 06 点击✓按钮，在一级工具栏中点击“贴纸”按钮，如图7-40所示。

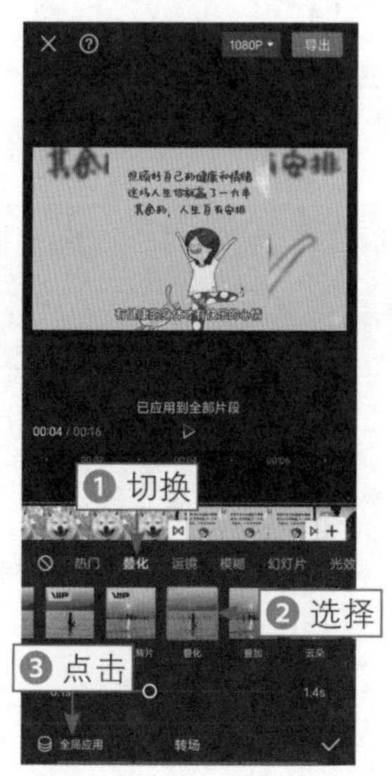

图 7-39　点击“全局应用”按钮

图 7-40　点击“贴纸”按钮

步骤 07 弹出相应的面板，❶输入并搜索“太阳”；❷选择一款太阳贴纸，如图7-41所示。

步骤 08 ❶调整贴纸的大小和位置；❷调整贴纸的时长，如图7-42所示。

图 7-41　选择一款太阳贴纸

图 7-42　调整贴纸的时长

7.2.2　添加画面特效

扫码看教学视频

【效果展示】：在利用文字成片功能制作视频的时候，可以为视频添加边框特效，让视频更有个性；还可以添加自然特效，增加氛围感，效果如图7-43所示。

图 7-43　效果展示

下面介绍添加画面特效的操作方法。

步骤 01 进入“剪辑”界面，在其中点击“文字成片”按钮，进入“文字成片”界面，❶输入文案；❷点击“生成视频”按钮，如图7-44所示。

步骤 02 弹出相应的面板，在其中选择“智能匹配素材”选项，如图7-45所示。

步骤 03 生成视频，❶选择第1段素材；❷点击“替换”按钮，如图7-46所示。

图 7-44　点击“生成视频”按钮

图 7-45　选择相应的选项

图 7-46　点击“替换”按钮

步骤 04 ❶切换至“视频素材”选项卡；❷搜索“银杏”；❸在搜索结果中选择素材进行替换，如图7-47所示，后面的素材进行同样的替换处理。

步骤 05 把第5段素材替换为“保护树木”类型的视频素材，如图7-48所示。

步骤 06 ❶把第6段素材继续替换为“银杏”类型的视频素材；❷点击☒按钮，确认更改，如图7-49所示，再点击“导入剪辑”按钮。

图 7-47　选择素材进行替换

图 7-48　替换视频素材

图 7-49　点击相应的按钮（1）

步骤 07 ❶点击“关闭原声”按钮；❷点击“特效”按钮，如图7-50所示。

步骤 08 在弹出的二级工具栏中点击“画面特效”按钮，如图7-51所示。

步骤 09 ❶切换至“边框”选项卡；❷选择“白色线框”特效，如图7-52所示。

图7-50 点击“特效”按钮

图7-51 点击“画面特效”按钮

图7-52 选择“白色线框”特效

步骤 10 点击✓按钮，❶调整特效的时长；❷在最后一段素材的起始位置点击“画面特效”按钮，如图7-53所示。

步骤 11 ❶ 切换至“自然”选项卡；❷ 选择“银杏飘落”特效，如图 7-54 所示。

步骤 12 调整“银杏飘落”特效的时长，与视频的末尾对齐，如图 7-55 所示。

图7-53 点击相应的按钮（2）

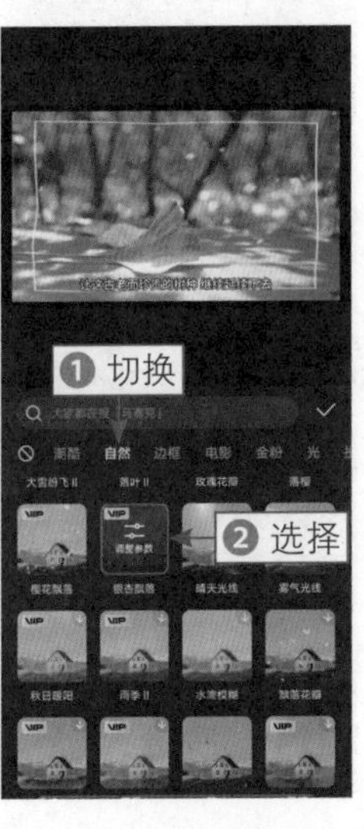

图7-54 选择“银杏飘落”特效

图7-55 调整特效的时长

7.2.3　添加滤镜效果

扫码看教学视频

【效果展示】：如果素材的色彩不是很好看，可以为视频添加滤镜效果，进行调色处理，效果如图7-56所示。

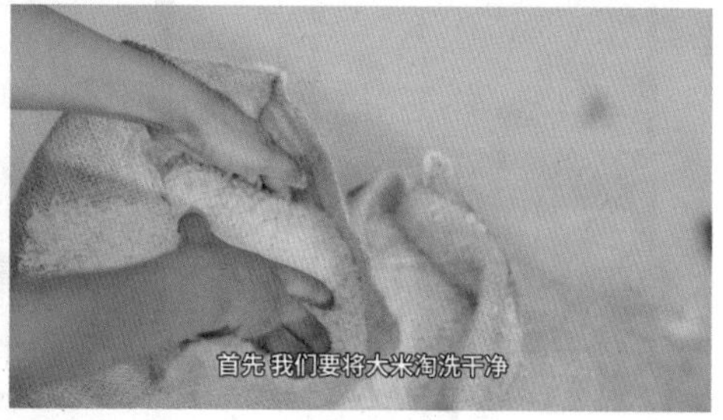

图 7-56　效果展示

下面介绍添加滤镜效果的操作方法。

步骤 01 进入“剪辑”界面，在其中点击“文字成片”按钮，进入“文字成片”界面，❶输入文案；❷点击“生成视频”按钮，如图7-57所示。

步骤 02 弹出相应的面板，在其中选择“智能匹配素材”选项，如图7-58所示。

步骤 03 生成视频，❶选择第2段素材；❷点击“替换”按钮，如图7-59所示。

图 7-57　点击“生成视频”按钮

图 7-58　选择相应的选项

图 7-59　点击“替换”按钮

步骤 04 ❶切换至“视频素材”选项卡；❷搜索“大米”；❸在搜索结果中选择素材进行替换，如图7-60所示。

步骤 05 把第3段素材替换为“白米粥”类型的视频素材，如图7-61所示。

步骤 06 把第4段素材替换为“炒肉”类型的视频素材，如图7-62所示。

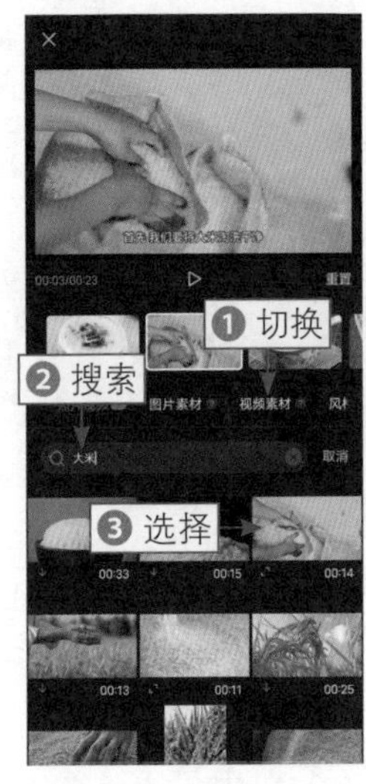

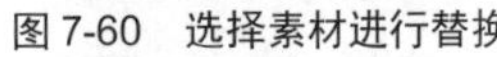

图7-60　选择素材进行替换

图7-61　替换视频素材（1）

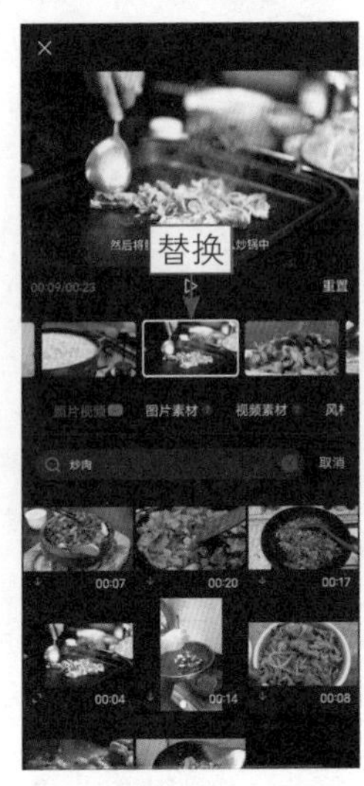

图7-62　替换视频素材（2）

步骤 07 ❶把第7段素材继续替换为“皮蛋瘦肉粥”类型的图片素材；❷点击☒按钮，确认更改，如图7-63所示，再点击“导入剪辑”按钮。

步骤 08 ❶选择第6段素材；❷点击“滤镜”按钮，如图7-64所示。

步骤 09 ❶在“美食”选项卡中选择“暖食”滤镜；❷点击“全局应用”按钮，如图7-65所示，把美食滤镜应用到所有的素材中。

图7-63　点击相应的按钮

图7-64　点击“滤镜”按钮

图7-65　点击“全局应用”按钮

7.2.4　设置字幕效果

【效果展示】：使用文字成片功能生成的视频，其中的字幕是没有任何效果的，不过用户可以为字幕设置样式，效果如图7-66所示。

图7-66　效果展示

下面介绍设置字幕效果的操作方法。

步骤 01 进入“剪辑”界面，在其中点击“文字成片”按钮，进入“文字成片”界面，❶输入文案；❷点击“生成视频”按钮，如图7-67所示。

步骤 02 弹出“请选择成片方式”面板，在其中选择“智能匹配素材”选项，如图7-68所示。

图7-67　点击“生成视频”按钮

图7-68　选择“智能匹配素材”选项

步骤 03 稍等片刻，即可生成一段视频，点击“文字”按钮，如图7-69所示。

步骤 04 在弹出的二级工具栏中点击“编辑”按钮，如图7-70所示。

图 7-69　点击“文字”按钮

图 7-70　点击“编辑”按钮

步骤 05 在“字体”｜“热门”选项卡中选择合适的字体，如图7-71所示。

步骤 06 ❶切换至“样式”选项卡；❷设置“字号”参数为8，微微放大文字，如图7-72所示。

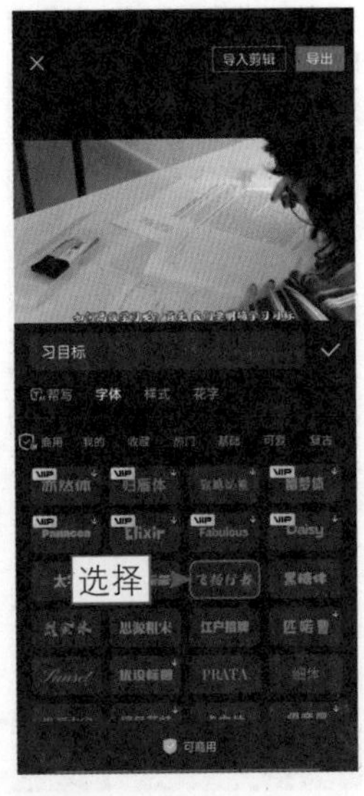

图 7-71　选择合适的字体

图 7-72　设置“字号”参数

步骤 07 ❶切换至“花字”｜“彩色渐变”选项卡；❷选择一款花字；❸点击✓按钮，如图7-73所示，对文字进行批量编辑。

步骤 08 ❶选择第2段素材；❷点击“替换”按钮，如图7-74所示。

图 7-73　点击相应的按钮（1）

图 7-74　点击“替换”按钮

步骤 09 ❶切换至“视频素材”选项卡；❷搜索“思考”；❸在搜索结果中选择素材进行替换，如图7-75所示。

步骤 10 把第4段素材替换为“气球”类型的视频素材，如图7-76所示。

步骤 11 ❶把第7段素材继续替换为“学习”类型的视频素材；❷点击☒按钮，确认更改，如图7-77所示，再点击“导出”按钮，导出视频。

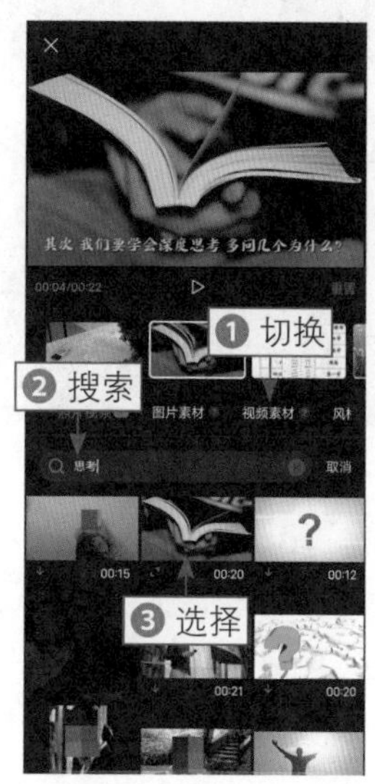

图 7-75　选择素材进行替换

图 7-76　替换视频素材

图 7-77　点击相应的按钮（2）

第 8 章　一键成片和模板生成

在面对素材，不知道剪辑出什么风格的视频时，就可以使用剪映中的一键成片功能，快速生成一段视频，更有多种风格可选，让视频剪辑变得简单。剪映还提供了多种类型的创作模板，给予了用户更多的创作灵感，快速提升视频剪辑效率。

8.1　使用一键成片功能生成视频

本节主要介绍使用一键成片功能生成视频的具体操作。不过需要注意的是，即使是相同的素材，剪映每次生成的视频也不一样。

8.1.1　选择合适模板

扫码看教学视频

【效果展示】：在使用一键成片功能时，需要用户提前准备好素材，并按照顺序导入到剪映中，之后就能选择模板，生成视频，效果如图8-1所示。

图 8-1　效果展示

下面介绍选择合适模板的操作方法。

步骤 01 进入“剪辑”界面，在其中点击“一键成片”按钮，如图8-2所示。

步骤 02 进入“照片视频”界面，❶在“照片”选项卡中按顺序选择5张图片素材；❷点击“下一步”按钮，如图8-3所示。

图 8-2　点击“一键成片”按钮

图 8-3　点击“下一步”按钮（1）

步骤 03 进入“选择模板”界面，弹出相应的合成效果进度提示，如图8-4所示。

步骤 04 稍等片刻，即可生成一段视频，❶在“推荐”选项卡中选择默认的模板，如果对效果满意；❷点击“导出”按钮，如图8-5所示。

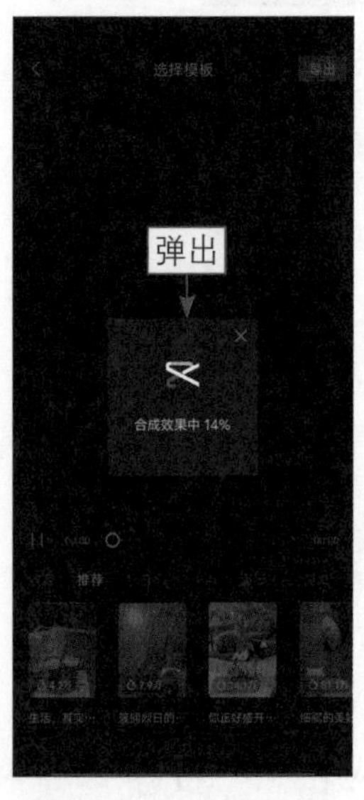

图 8-4　弹出合成效果进度提示

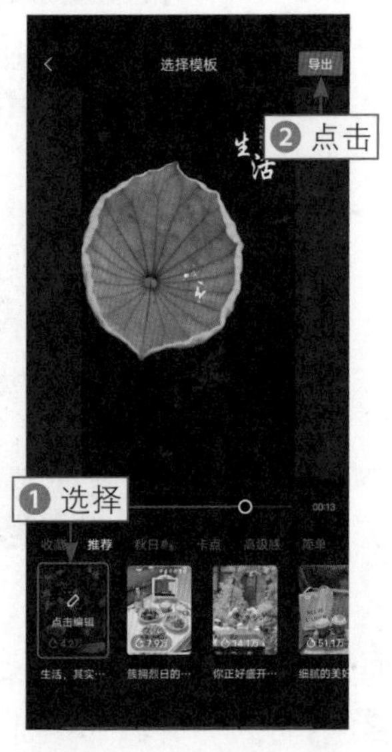

图 8-5　点击“导出”按钮

步骤 05 弹出“导出设置”面板，在其中点击按钮，如图8-6所示，把视频导出至本地相册。

步骤06 导出成功之后，点击“分享到抖音”按钮，如图8-7所示。

图 8-6　点击相应的按钮

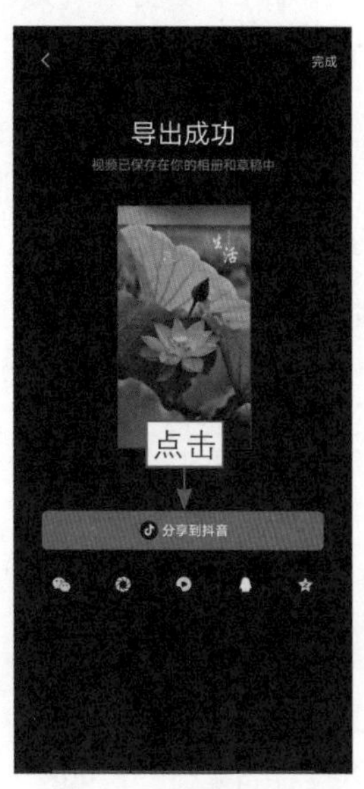

图 8-7　点击“分享到抖音”按钮

步骤07 自动跳转至抖音手机版，点击“下一步”按钮，如图8-8所示。

步骤08 进入视频发布界面，在其中进行编辑，如图8-9所示，编辑完成之后，再点击“发布”按钮，即可发布视频至抖音平台中。

图 8-8　点击“下一步”按钮（2）

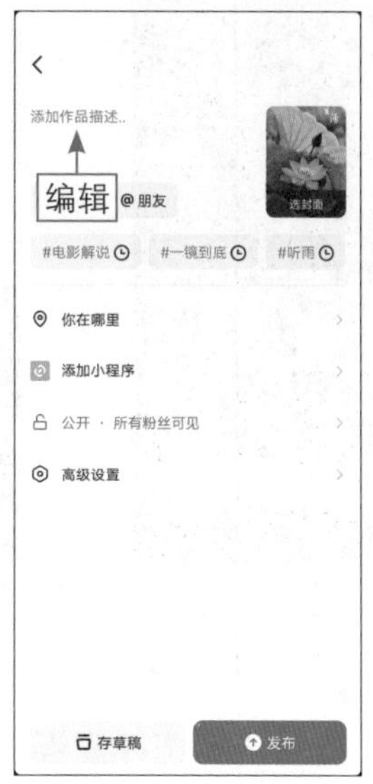

图 8-9　进入视频发布界面

8.1.2 编辑视频草稿

扫码看教学视频

【效果展示】：在使用一键成片功能制作视频时，如果对效果不满意，还可以编辑视频草稿，进行个性化设置，效果如图8-10所示。

图 8-10 效果展示

下面介绍编辑视频草稿的操作方法。

步骤 01 进入"剪辑"界面，在其中点击"一键成片"按钮，如图8-11所示。

步骤 02 进入"照片视频"界面，❶在"视频"选项卡中按顺序选择5段视频素材；❷点击输入栏，如图8-12所示。

步骤 03 ❶在其中输入"剪个旅行Vlog"；❷点击∨按钮，如图8-13所示。

图 8-11 点击"一键成片"按钮

图 8-12 点击输入栏

图 8-13 点击相应的按钮（1）

步骤 04 继续点击"下一步"按钮，如图8-14所示。

步骤 05 进入"选择模板"界面，弹出相应的合成效果进度提示，如图8-15所示。

步骤 06 稍等片刻，即可生成一段视频，选择默认的模板，并点击“点击编辑”按钮，如图8-16所示。

图 8-14　点击“下一步”按钮

图 8-15　弹出合成效果进度提示

图 8-16　点击“点击编辑”按钮

步骤 07 进入视频编辑界面，如图8-17所示，在其中可以更改视频和文本。

步骤 08 ❶点击“导出”按钮，弹出“导出设置”面板；❷在其中点击按钮，如图8-18所示。

步骤 09 导出成功之后，点击“完成”按钮，如图8-19所示。

图 8-17　进入视频编辑界面

图 8-18　点击相应的按钮（2）

图 8-19　点击“完成”按钮

8.2 使用模板功能一键生成视频

在使用模板功能一键生成视频时，需要注意素材的类型——是视频还是图片，以及素材的个数。本节将为大家介绍相应的操作方法，不过需要注意的是，模板选项卡中的视频模板经常变动，大家选择心仪的模板即可。

8.2.1 一键生成日常碎片视频

扫码看教学视频

【效果展示】：大家随手拍摄的风景视频，在剪映中可以套用模板，一键生成日常碎片视频，效果如图8-20所示。

图 8-20 效果展示

下面介绍一键生成日常碎片视频的操作方法。

步骤 01 在剪映中导入素材，点击“模板”按钮，如图8-21所示。

步骤 02 在“模板”选项卡中点击搜索栏，如图8-22所示。

图 8-21 点击“模板”按钮

图 8-22 点击搜索栏

步骤03 ❶输入并搜索“日常夕阳慢动作氛围卡点”；❷在搜索结果中选择一个模板，如图8-23所示。

步骤04 ❶点击“收藏”按钮收藏模板；❷点击“去使用”按钮，如图8-24所示。

图 8-23　选择一个模板

图 8-24　点击“去使用”按钮

步骤05 进入“照片视频”界面，❶在“视频”选项卡中选择视频素材；❷点击“下一步”按钮，如图8-25所示。

步骤06 弹出相应的合成效果进度提示，如图8-26所示。

图 8-25　点击“下一步”按钮

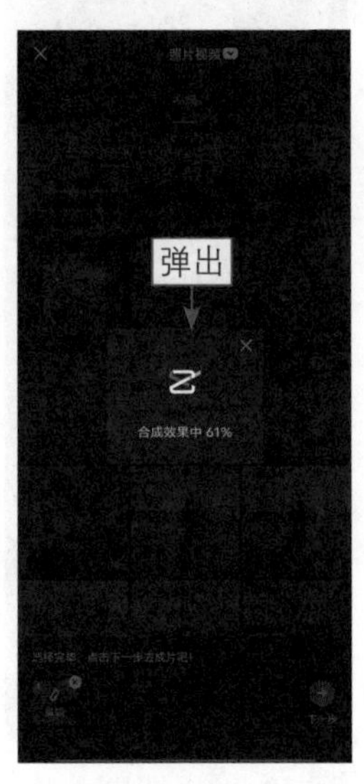

图 8-26　弹出合成效果进度提示

步骤 07 合成成功后，点击“完成”按钮，如图8-27所示。

步骤 08 进入视频编辑界面，❶选择原始素材；❷点击“删除”按钮，如图8-28所示，删除多余的素材。

图 8-27　点击“完成”按钮

图 8-28　点击“删除”按钮

步骤 09 在一级工具栏中点击“比例”按钮，如图8-29所示。

步骤 10 ❶在“比例”面板中选择16∶9选项，更改视频的尺寸；❷点击“导出”按钮，如图8-30所示，导出视频素材。

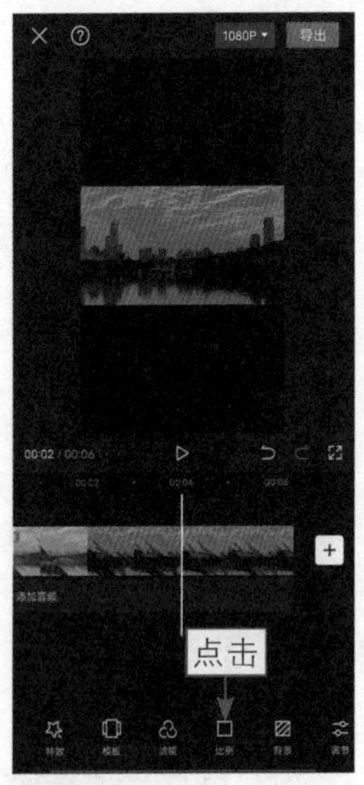

图 8-29　点击“比例”按钮

图 8-30　点击“导出”按钮

8.2.2　一键生成卡点视频

扫码看教学视频

【效果展示】：在模板中有希区柯克卡点视频模板，使用这个模板，可以让视频随着音乐节奏进行3D变焦卡点运动，效果如图8-31所示。

图 8-31　效果展示

下面介绍一键生成卡点视频的操作方法。

步骤 01 在剪映中导入原始视频素材，在一级工具栏中点击“模板”按钮，如图8-32所示。

步骤 02 在“模板”选项卡中点击搜索栏，❶输入并搜索“希区柯克卡点”；❷在搜索结果中选择一个模板，如图8-33所示。

图 8-32　点击“模板”按钮

图 8-33　选择一个模板

步骤 03 进入相应的界面，点击“去使用”按钮，如图8-34所示。

步骤 04 进入“照片视频”界面，❶在“视频”选项卡中选择视频素材；❷点击“下一步”按钮，如图8-35所示。

图 8-34　点击“去使用”按钮

图 8-35　点击“下一步”按钮

步骤 05 视频合成成功后，点击“完成”按钮，如图8-36所示。

步骤 06 进入视频编辑界面，❶选择原始素材；❷点击“删除”按钮，如图8-37所示，删除多余的素材，再点击“导出”按钮，导出视频。

图 8-36　点击“完成”按钮

图 8-37　点击“删除”按钮

8.2.3 一键生成风格大片

扫码看教学视频

【效果展示】：对于一些抖音平台上火热的视频模板，在剪映中也有，用户只需要导入素材，就能一键生成风格大片，效果如图8-38所示。

图 8-38 效果展示

下面介绍一键生成风格大片的操作方法。

步骤 01 在剪映中导入原始视频素材，在一级工具栏中点击“模板”按钮，如图8-39所示。

步骤 02 在“模板”选项卡中点击搜索栏，❶输入并搜索“年少的你啊”；❷在搜索结果中选择一个模板，如图8-40所示。

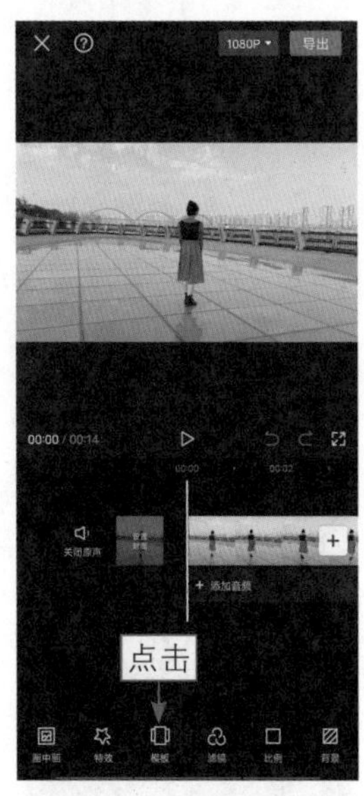

图 8-39 点击“模板”按钮

图 8-40 选择一个模板

步骤 03 进入相应的界面，点击“去使用”按钮，如图8-41所示。

步骤 04 进入“照片视频”界面，❶在“视频”选项卡中选择视频素材；❷点击“下一步”按钮，如图8-42所示。

图 8-41　点击“去使用”按钮

图 8-42　点击“下一步”按钮

步骤 05 视频合成成功后，点击“完成”按钮，如图8-43所示。

步骤 06 进入视频编辑界面，❶选择原始素材；❷点击“删除”按钮，如图8-44所示，删除多余的素材，再点击“导出”按钮，导出视频。

图 8-43　点击“完成”按钮

图 8-44　点击“删除”按钮

8.2.4　一键生成Vlog

扫码看教学视频

【效果展示】：在生成Vlog的过程中，如果有些素材不贴合，可以替换素材，制作出满意的视频，效果如图8-45所示。

图 8-45　效果展示

下面介绍一键生成Vlog的操作方法。

步骤 01 在剪映中导入原始视频素材，在一级工具栏中点击“模板”按钮，如图8-46所示。

步骤 02 在“模板”选项卡中点击搜索栏，❶输入并搜索“旅拍开场片头”；❷在搜索结果中选择一个模板，如图8-47所示。

图 8-46　点击“模板”按钮

图 8-47　选择一个模板

步骤 03 进入相应的界面，点击“去使用”按钮，如图8-48所示。

步骤 04 进入“照片视频”界面，❶在“视频”选项卡中选择两段视频素材；❷点击“下一步”按钮，如图8-49所示。

图 8-48　点击“去使用”按钮

图 8-49　点击“下一步”按钮

步骤 05 视频合成成功后，❶选择第1段素材并点击“点击编辑”按钮；❷点击“替换”按钮，如图8-50所示。

步骤 06 在“照片视频”界面中选择替换的视频素材，如图8-51所示。

图 8-50　点击“替换”按钮

图 8-51　选择视频素材

步骤 07 替换素材之后，点击“完成”按钮，如图8-52所示。

步骤 08 进入视频编辑界面，❶选择原始素材；❷点击“删除”按钮，如图8-53所示，删除多余的素材，再点击“导出”按钮，导出视频。

图 8-52　点击“完成”按钮

图 8-53　点击“删除”按钮

8.2.5　一键生成旅行视频

扫码看教学视频

【效果展示】：在“旅行”选项卡中有许多模板，用户可以选择心仪的模板，一键生成旅行视频，效果如图8-54所示。

图 8-54　效果展示

下面介绍一键生成旅行视频的操作方法。

步骤 01 在剪映中导入原始视频素材，在一级工具栏中点击“模板”按钮，如图8-55所示。

步骤 02 ❶切换至“旅行”选项卡；❷选择一个模板，如图8-56所示。

图 8-55　点击“模板”按钮

图 8-56　选择一个模板

步骤 03 进入相应的界面，点击“去使用”按钮，如图8-57所示。

步骤 04 进入“照片视频”界面，❶在“视频”选项卡中选择视频素材；❷点击“下一步”按钮，如图8-58所示。

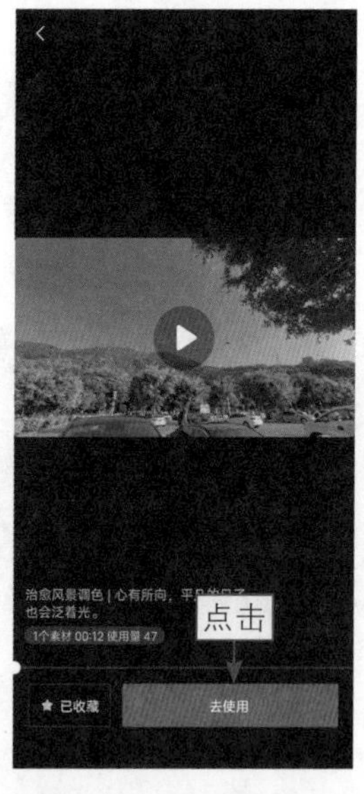

图 8-57　点击“去使用”按钮

图 8-58　点击“下一步”按钮

步骤 05 视频合成成功后，点击“完成”按钮，如图8-59所示。

步骤 06 进入视频编辑界面，❶选择原始素材；❷点击“删除”按钮，如图8-60所示，删除多余的素材，再点击“导出”按钮，导出视频。

图 8-59　点击“完成”按钮

图 8-60　点击“删除”按钮

8.2.6　一键生成美食视频

扫码看教学视频

【效果展示】：即使只有一张美食照片素材，也可以套用模板，一键生成一段美食视频，让食物变得更诱人，效果如图8-61所示。

图 8-61　效果展示

下面介绍一键生成美食视频的操作方法。

步骤 01 在剪映中导入原始素材，点击“模板”按钮，如图8-62所示。

步骤 02 在“模板”选项卡中点击搜索栏，❶输入并搜索“美食人间烟火”；❷在搜索结果中选择一个模板，如图8-63所示。

步骤 03 进入相应的界面，点击“去使用”按钮，如图8-64所示。

图 8-62　点击"模板"按钮

图 8-63　选择一个模板

图 8-64　点击"去使用"按钮

步骤 04 进入"照片视频"界面，❶在"照片"选项卡中选择图片素材；❷点击"下一步"按钮，如图8-65所示。

步骤 05 视频合成成功后，❶点击"文本"按钮；❷调整文字的位置；❸点击"完成"按钮，如图8-66所示。

步骤 06 进入视频编辑界面，❶选择原始素材；❷点击"删除"按钮，如图8-67所示，删除多余的素材，再点击"导出"按钮，导出视频。

图 8-65　点击"下一步"按钮

图 8-66　点击"完成"按钮

图 8-67　点击"删除"按钮

第 9 章　利用剪同款模板生成视频

在剪映手机版中，用户不仅可以剪辑视频，还可以使用剪同款模板，一键生成抖音同款火爆视频。在生成视频之后，还能编辑草稿，进行再加工，以达到用户想要的效果，而且整体操作非常简单，对新人来说也非常方便。这个剪同款功能是大家省时省力的不二选择。

9.1 使用剪同款功能生成视频

本章主要介绍使用剪同款功能，帮助用户一键制作同款美食视频、萌娃相册和卡点视频，快速掌握抖音爆款短视频的同款制作方法。

9.1.1 一键制作同款美食视频

扫码看教学视频

【效果展示】：对于多张美食照片，如何把它们快速生成美食视频呢？在剪映中使用剪同款功能选择模板，就能快速生成，效果如图9-1所示。

图 9-1 效果展示

下面介绍一键制作同款美食视频的操作方法。

步骤 01 ❶点击“剪同款”按钮；❷在界面中点击上方的搜索栏，如图9-2所示。

步骤 02 ❶输入并搜索“日常美食记录”；❷在搜索结果中选择喜欢的模板，如图9-3所示。

图 9-2　点击上方的搜索栏

图 9-3　选择喜欢的模板

步骤 03 进入相应的界面，点击右下角的“剪同款”按钮，如图9-4所示。

步骤 04 ❶在“照片”选项卡中依次选择4张美食照片；❷点击“下一步”按钮，如图9-5所示。

图 9-4　点击“剪同款”按钮

图 9-5　点击“下一步”按钮

步骤 05 预览效果，如果对效果满意，点击“导出”按钮，如图9-6所示。

步骤 06 弹出“导出设置”面板，在其中点击按钮，如图9-7所示，把视频导出至本地相册。

图 9-6　点击“导出”按钮

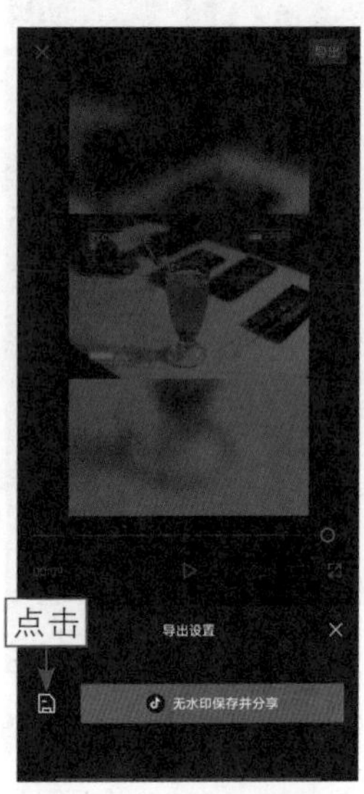

图 9-7　点击相应的按钮

9.1.2　一键制作同款萌娃相册

扫码看教学视频

【效果展示】：可爱的萌娃写真照片，在剪映中可以使用剪同款功能，使其变成一段动态的电子相册，让照片变得生动起来，效果如图9-8所示。

图 9-8　效果展示

下面介绍一键制作同款萌娃电子相册的操作方法。

步骤 01 点击“剪同款”按钮，如图9-9所示，在界面中点击上方的搜索栏。

步骤 02 ❶输入并搜索“卡点萌娃美好”；❷在搜索结果中选择喜欢的模板，如图9-10所示。

步骤 03 进入相应的界面，点击右下角的“剪同款”按钮，如图9-11所示。

步骤 04 ❶在“照片”选项卡中依次选择8张萌娃照片；❷点击“下一步”按钮，如图9-12所示。

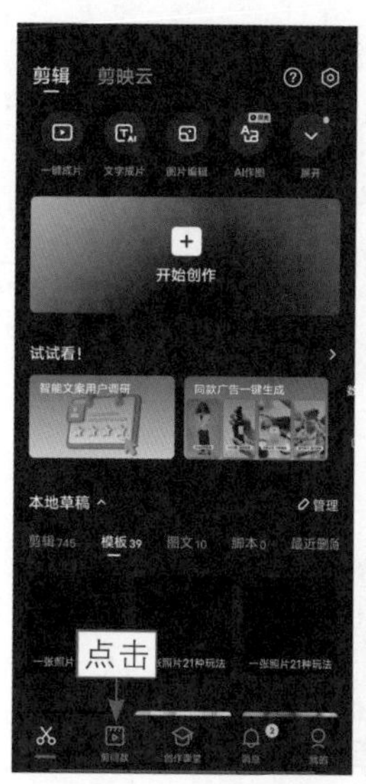

图9-9　点击“剪同款”按钮

图9-10　选择喜欢的模板

图9-11　点击“剪同款”按钮

图9-12　点击“下一步”按钮

步骤 05 ❶点击“文本”按钮；❷点击按钮，更改英文文字；❸点击“导出”按钮，如图9-13所示。

步骤 06 弹出“导出设置”面板，在其中点击按钮，如图9-14所示，把视频导出至本地相册。

图 9-13　点击“导出”按钮

图 9-14　点击相应的按钮

9.1.3　一键制作同款卡点视频

扫码看教学视频

【效果展示】：对于多段素材，在制作卡点视频的时候，步骤是比较烦琐的，而使用剪同款功能，几秒钟就能制作视频，大大提升剪辑效率，效果如图9-15所示。

图 9-15　效果展示

下面介绍一键制作同款卡点视频的操作方法。

步骤 01 ❶点击“剪同款”按钮；❷在界面中点击上方的搜索栏，如图9-16所示。

步骤02 ❶输入并搜索“动感节奏卡点秋天”；❷在搜索结果中选择喜欢的模板，如图9-17所示。

图 9-16 点击上方的搜索栏

图 9-17 选择喜欢的模板

步骤03 进入相应的界面，点击右下角的“剪同款”按钮，如图9-18所示。

步骤04 ❶在“照片”选项卡中依次选择9张女生照片；❷点击“下一步”按钮，如图9-19所示。

图 9-18 点击“剪同款”按钮

图 9-19 点击“下一步”按钮

步骤05 预览效果，点击“解锁草稿”按钮，如图9-20所示，使用该功能需要开通会员。

步骤06 进入视频编辑界面，点击“文字”按钮，如图9-21所示。

图9-20　点击“解锁草稿”按钮

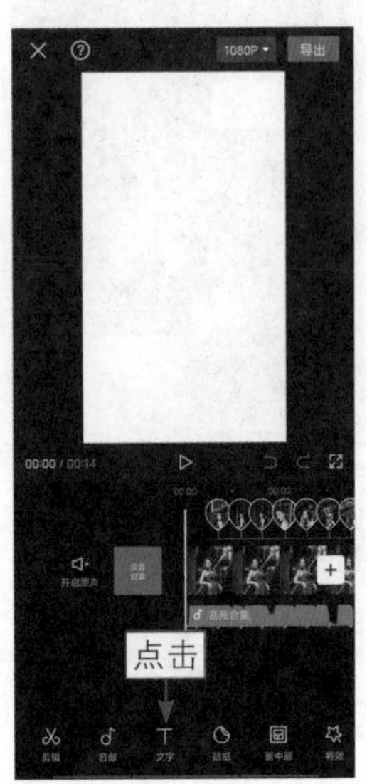

图9-21　点击“文字”按钮

步骤07 ❶选择文字素材；❷点击“删除”按钮，如图9-22所示。

步骤08 把所有的文字素材都删除，之后点击“导出”按钮，如图9-23所示，导出视频素材。

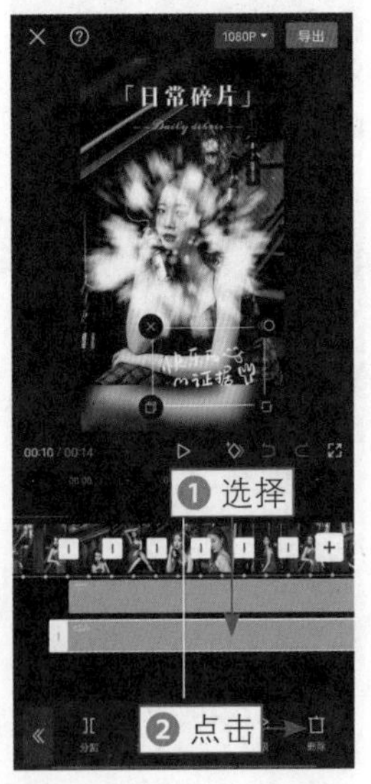

图9-22　点击“删除”按钮

图9-23　点击“导出”按钮

9.2　使用“AI 玩法”剪同款模板

在“剪同款”界面中有“AI玩法”选项卡，其中有非常多的玩法模板，可以将照片素材进行AI变身并制作为动态视频。本节将为大家介绍相应的操作方法。

9.2.1　制作“漫画穿越”效果

扫码看教学视频

【效果展示】：在制作“漫画穿越”效果的时候，即使是相同的素材，效果也会有差异。漫画效果会稍微夸张些，不会与原素材一模一样，效果如图9-24所示。

图 9-24　效果展示

下面介绍制作“漫画穿越”效果的操作方法。

步骤 01 ❶点击“剪同款”按钮；❷切换至“AI玩法”选项卡；❸选择一款漫画穿越模板，如图9-25所示。

步骤 02 进入相应的界面，点击“剪同款”按钮，如图9-26所示。

步骤 03 ❶在“照片”选项卡中选择照片素材；❷点击“下一步”按钮，如图9-27所示。

步骤 04 预览效果，如果对效果满意，点击“导出”按钮，如图9-28所示。

图 9-25　选择一款模板

图 9-26　点击“剪同款”按钮

图 9-27　点击“下一步”按钮

图 9-28　点击“导出”按钮

步骤 05 弹出“导出设置”面板，在其中点击按钮，如图9-29所示。

步骤 06 导出完成之后，点击“完成”按钮，如图9-30所示。

图 9-29　点击相应的按钮

图 9-30　点击“完成”按钮

9.2.2　制作“次元裂缝”效果

扫码看教学视频

【效果展示】：“次元裂缝”效果是指将真人形象变换成二次元动漫效果，转换人物的次元，效果如图9-31所示。

图 9-31　效果展示

下面介绍制作“次元裂缝”效果的操作方法。

步骤01 ❶点击“剪同款”按钮；❷在界面中点击上方的搜索栏，如图9-32所示。

步骤02 ❶输入并搜索“次元裂缝”；❷在搜索结果中选择喜欢的模板，如图9-33所示。

图 9-32　点击上方的搜索栏

图 9-33　选择喜欢的模板

步骤03 进入相应的界面，点击右下角的“剪同款”按钮，如图9-34所示。

步骤 04 ❶在“照片”选项卡中选择一张人物照片；❷点击“下一步”按钮，如图9-35所示。

图 9-34　点击“剪同款”按钮

图 9-35　点击“下一步”按钮

步骤 05 预览效果，如果对效果满意，点击“导出”按钮，如图9-36所示。

步骤 06 弹出“导出设置”面板，在其中点击![]按钮，如图9-37所示，把视频导出至本地相册。

图 9-36　点击“导出”按钮

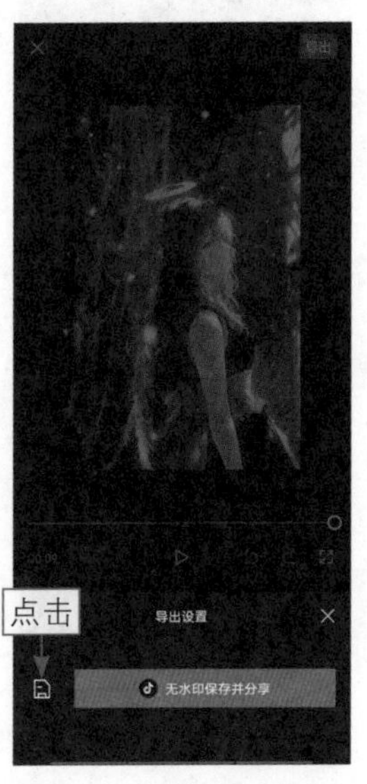

图 9-37　点击相应的按钮

9.2.3　一键生成甜酷卡通脸视频

【效果展示】：使用甜酷卡通脸玩法功能模板，可以让人物变成动画电影里的公主模样，效果如图9-38所示。

图 9-38　效果展示

下面介绍一键生成甜酷卡通脸视频的操作方法。

步骤 01 点击“剪同款”按钮，如图9-39所示，在界面中点击上方的搜索栏。

步骤 02 ❶输入并搜索“甜酷卡通脸”；❷在搜索结果中选择喜欢的模板，如图9-40所示。

图 9-39　点击“剪同款”按钮

图 9-40　选择喜欢的模板

步骤 03 进入相应的界面，点击右下角的“剪同款”按钮，如图9-41所示。

步骤 04 ❶在“照片”选项卡中选择一张人像照片；❷点击“下一步”按钮，如图9-42所示。

图 9-41　点击“剪同款”按钮

图 9-42　点击“下一步”按钮

步骤 05 预览效果，如果对效果满意，点击“导出”按钮，如图9-43所示。

步骤 06 弹出“导出设置”面板，在其中点击🖫按钮，如图9-44所示，把视频导出至本地相册。

图 9-43　点击“导出”按钮

图 9-44　点击相应的按钮

9.2.4　一键解锁AI绘画

扫码看教学视频

【效果展示】：在解锁AI变身同款视频时，可以制作变出多个漫画脸的模板视频，看看人物最适合哪一款漫画脸，效果如图9-45所示。

图 9-45　效果展示

下面介绍一键解锁AI绘画的操作方法。

步骤 01 打开剪映手机版，点击“剪同款”按钮，如图9-46所示。

步骤 02 ❶切换至“AI玩法”选项卡；❷在其中选择一款AI绘画视频模板，如图9-47所示。

图 9-46　点击“剪同款”按钮

图 9-47　选择一款模板

步骤 03 进入相应的界面，点击右下角的“剪同款”按钮，如图9-48所示。

步骤 04 ❶在“照片”选项卡中选择照片素材；❷点击“下一步”按钮，如图9-49所示。

图 9-48　点击“剪同款”按钮

图 9-49　点击“下一步”按钮

步骤 05 预览效果，如果对效果满意，点击“导出”按钮，如图9-50所示。

步骤 06 弹出“导出设置”面板，在其中点击按钮，如图9-51所示，导出制作好的视频素材。

图 9-50　点击“导出”按钮

图 9-51　点击相应的按钮

9.2.5　一键生成AI写真集视频

扫码看教学视频

【效果展示】：一张照片，如何生成21张不同的脸？使用剪映中的剪同款功能，就能一键生成AI写真集视频，变出各种风格的脸，效果如图9-52所示。

图 9-52　效果展示

下面介绍一键生成AI写真集视频的操作方法。

步骤 01 打开剪映手机版，点击“剪同款”按钮，点击搜索栏，❶输入并搜索“AI写真集玩法”；❷在搜索结果中选择一款视频模板，如图9-53所示。

步骤02 进入相应的界面，点击右下角的“剪同款”按钮，如图9-54所示。

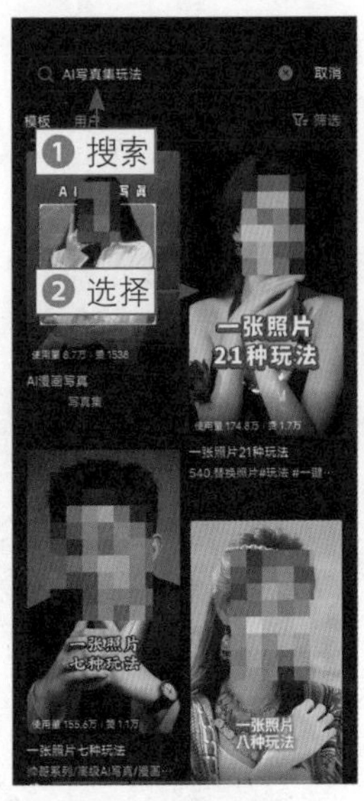

图 9-53　选择一款模板

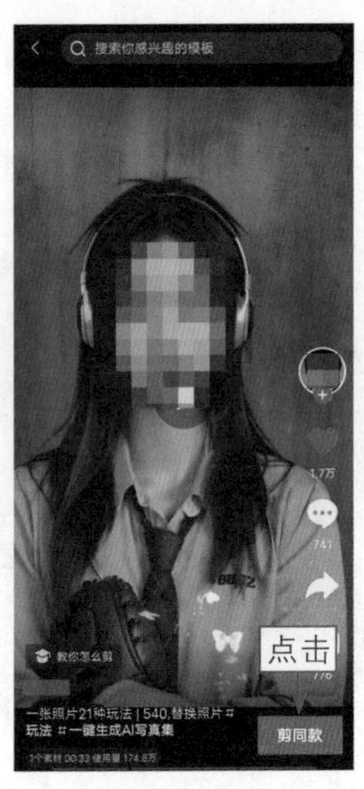

图 9-54　点击“剪同款”按钮

步骤03 ❶在“照片”选项卡中选择照片素材；❷点击“下一步”按钮，如图9-55所示。

步骤04 ❶预览效果，如果对效果满意，点击“导出”按钮；❷弹出“导出设置”面板，点击按钮，如图9-56所示，导出制作好的视频素材。

图 9-55　点击“下一步”按钮

图 9-56　点击相应的按钮

第 10 章　综合案例：制作 AI 数字人视频

近年来，短视频行业呈现出爆发式增长，成为一种广受欢迎的内容形式，并逐渐取代长视频成为人们获取信息的主要途径。数字人可以变身为视频博主，轻松打造不同风格的虚拟网红形象。本章介绍分别使用剪映手机版和电脑版制作视频博主数字人的技巧。

10.1 用剪映手机版制作 AI 数字人视频

【效果展示】：数字人也叫虚拟主播，数字人的优势在于能够取代真人出镜，克服了拍摄过程中可能遭遇的各种难题和限制，使视频内容更富有亲和力和个性，可以说AI数字人技术影响了视频制作，打造了一个全新的视频运营模式。

本节将为大家介绍如何使用剪映手机版制作AI数字人视频，最终效果如图10-1所示。

图 10-1 效果展示

10.1.1 添加背景图片素材

扫码看教学视频

在剪映中，有许多的内置数字人背景素材，同时用户还可以给数字人添加自定义的背景。下面介绍添加背景图片素材的方法。

步骤 01 打开剪映手机版，进入“剪辑”界面，点击“开始创作”按钮，如图10-2所示。

步骤 02 ❶在“照片”选项卡中选择背景图片素材；❷选中“高清”复选框；❸点击“添加”按钮，如图10-3所示，即可添加背景图片素材。

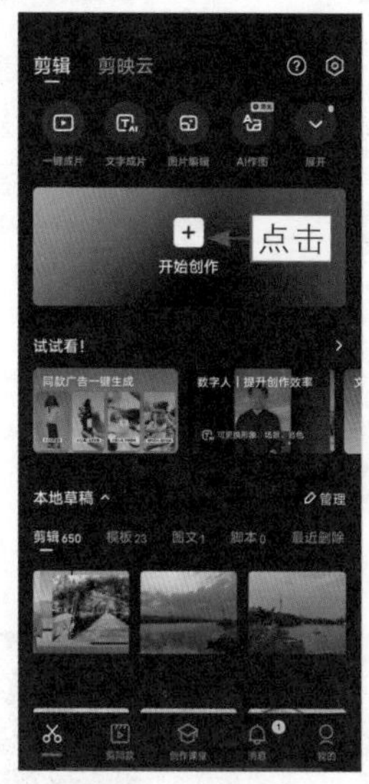

图 10-2　点击“开始创作”按钮

图 10-3　点击“添加”按钮

10.1.2　制作数字人形象

扫码看教学视频

根据视频的主题，使用智能文案功能，可以快速为视频添加文案，同时还能生成数字人形象，并生成相应的字幕和语音素材，最后为字幕素材设置效果和调整数字人在画面中的位置。下面介绍制作数字人形象的操作方法。

步骤 01 在编辑界面中点击“文字”按钮，如图10-4所示。

步骤 02 在弹出的二级工具栏中点击“智能文案”按钮，如图10-5所示。

步骤 03 弹出“智能文案”面板，❶点击“写讲解文案”按钮；❷输入“写一篇手机短视频运镜技巧的文章，300字左右”；❸点击按钮，如图10-6所示。

步骤 04 稍等片刻，即可生成文案内容，点击“确认”按钮，如图10-7所示。

步骤 05 弹出相应的面板，❶选择“添加数字人”选项，默认选中“自动拆分成字幕”复选框；❷点击“添加至轨道”按钮，如图10-8所示。

步骤 06 弹出“添加数字人”面板，❶选择“小铭-沉稳”选项；❷点击按钮，如图10-9所示。

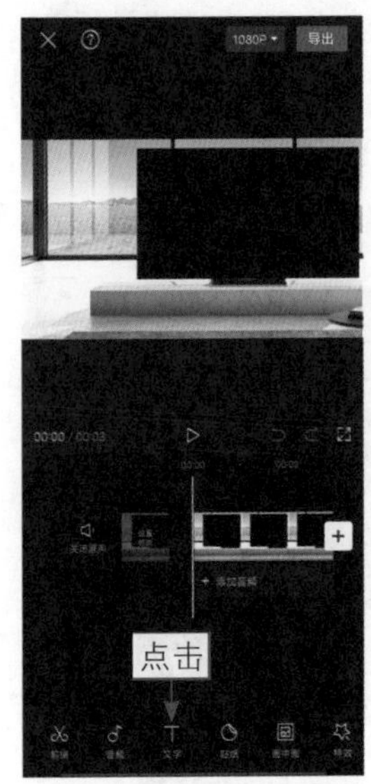

图 10-4　点击“文字”按钮

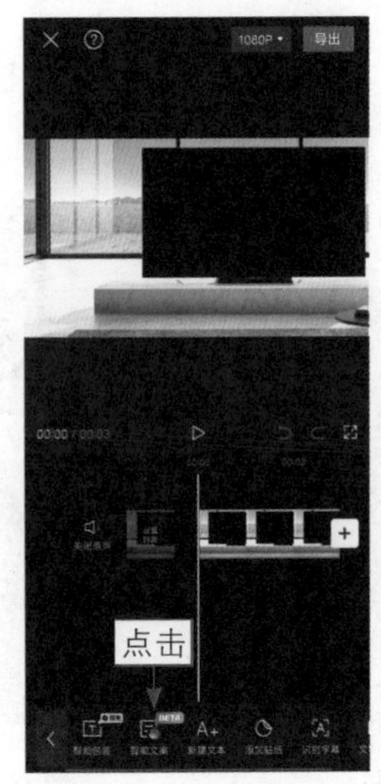

图 10-5　点击“智能文案”按钮

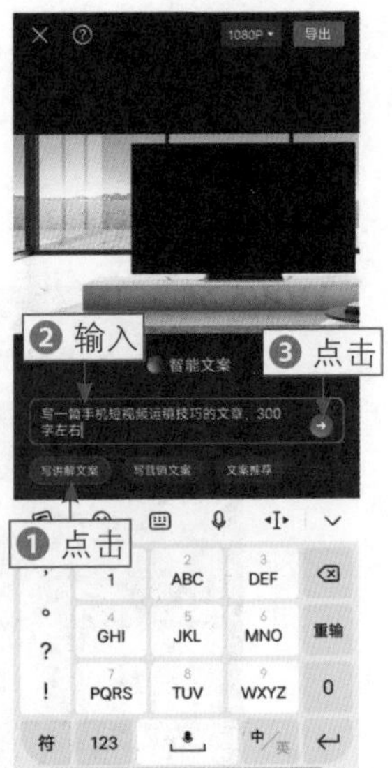

图 10-6　点击相应的按钮

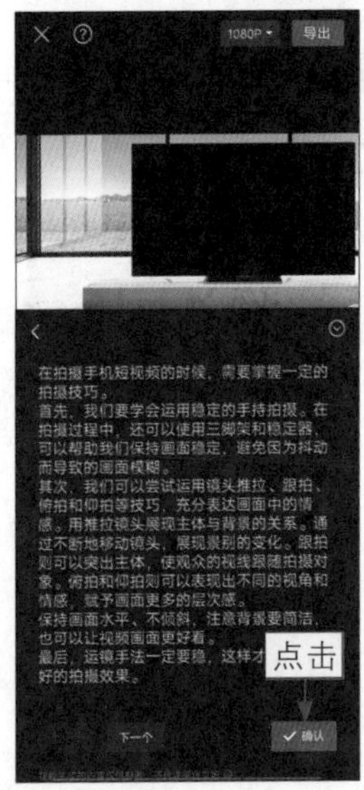

图 10-7　点击“确认”按钮

图 10-8　点击“添加至轨道”按钮

图 10-9　点击相应的按钮（1）

步骤 07 弹出“自动拆句中”提示，如图10-10所示，稍等片刻。

步骤 08 一个数字人渲染完成，并生成了相应的字幕和音频素材，点击“批量编辑”按钮，如图10-11所示。

步骤 09 弹出相应的面板，❶选择第1段文字；❷点击Aa按钮，如图10-12所示。

图 10-10　弹出“自动拆句中”提示

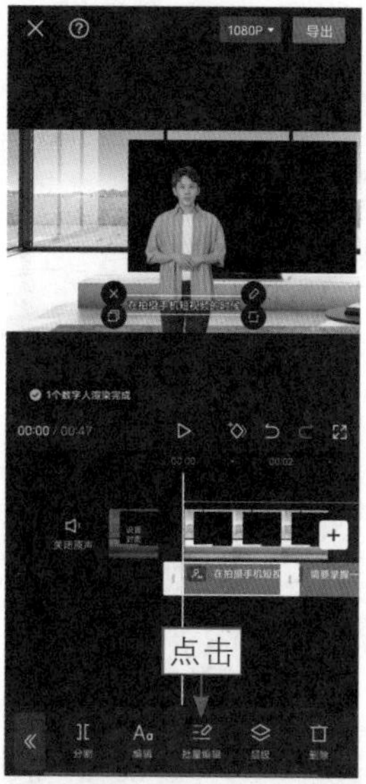

图 10-11　点击“批量编辑”按钮

图 10-12　点击 Aa 按钮

步骤 10 ❶切换至“字体”选项卡；❷选择合适的字体；❸调整文字的位置，如图10-13所示。

步骤 11 ❶切换至“花字”|“蓝色”选项卡；❷选择花字，如图10-14所示。

步骤 12 点击✓按钮，在编辑界面中点击⊕按钮，如图10-15所示。

图 10-13　调整文字的位置

图 10-14　选择花字

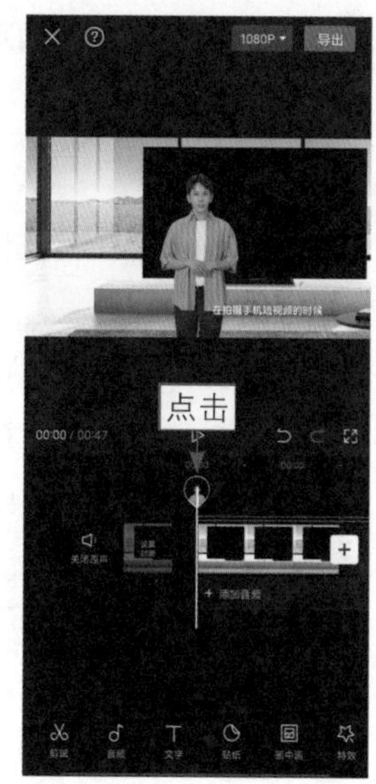

图 10-15　点击相应的按钮（2）

步骤13 ❶选择画中画轨道中的数字人素材；❷调整数字人素材在画面中的位置，使其处于画面左侧，如图10-16所示。

步骤14 ❶选择视频轨道中的素材；❷点击“复制”按钮，复制背景图片素材至视频轨道中，如图10-17所示。

步骤15 一直点击“复制”按钮，复制素材，并调整最后一段背景图片素材末尾的位置，使其与数字人素材的末尾对齐，如图10-18所示。

图 10-16　调整素材在画面中的位置

图 10-17　点击“复制”按钮

图 10-18　调整素材末尾的位置

10.1.3　添加画中画视频

扫码看教学视频

在添加背景图片素材和数字人素材之后，用户需要在剪映的画中画轨道中导入视频素材，使其与数字人素材相结合，从而丰富画面的内容。下面介绍添加画中画视频的操作方法。

步骤01 在编辑界面中点击“画中画”按钮，如图10-19所示。

步骤02 在弹出的二级工具栏中点击“新增画中画”按钮，如图10-20所示。

步骤03 ❶在“视频”选项卡中选择视频素材；❷选中“高清”复选框；❸点击“添加”按钮，如图10-21所示，即可添加视频素材。

步骤04 默认选择视频素材，点击“音量”按钮，如图10-22所示。

步骤05 ❶设置“音量”参数为0，将视频静音；❷点击☑按钮，如图10-23所示。

步骤06 继续点击“变速”按钮，如图10-24所示。

图 10-19　点击“画中画”按钮

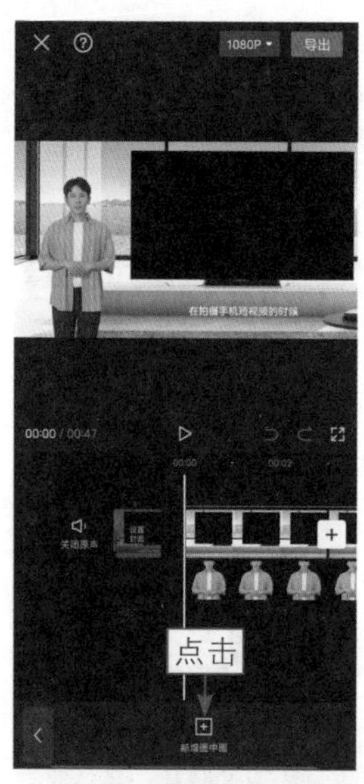

图 10-20　点击“新增画中画”按钮

图 10-21　点击“添加”按钮

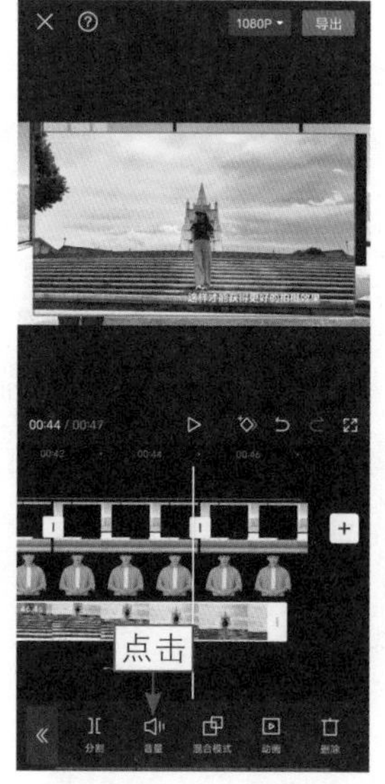

图 10-22　点击“音量”按钮

图 10-23　点击相应的按钮（1）

图 10-24　点击“变速”按钮

步骤07 在弹出的工具栏中点击“常规变速”按钮，如图10-25所示。

步骤08 弹出“变速”面板，❶设置参数为0.9x；❷选中“智能补帧”复选框；❸点击✓按钮，如图10-26所示。

步骤09 ❶调整第2条画中画轨道中视频素材的末尾，使其与数字人素材末尾对齐；❷调整调整第2条画中画轨道中视频素材的画面大小和位置；❸点击“导出”按钮，如图10-27所示，导出视频。

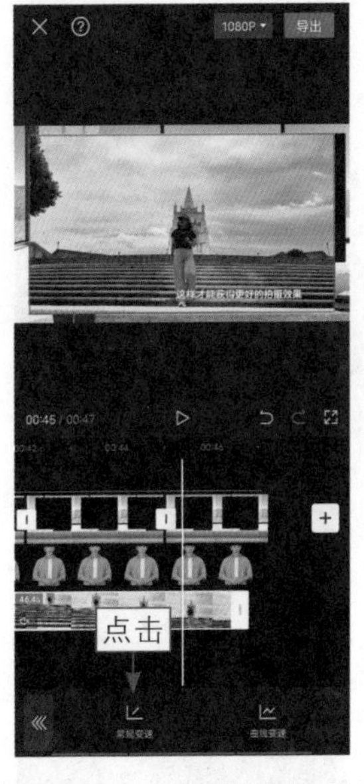

图 10-25　点击“常规变速”按钮

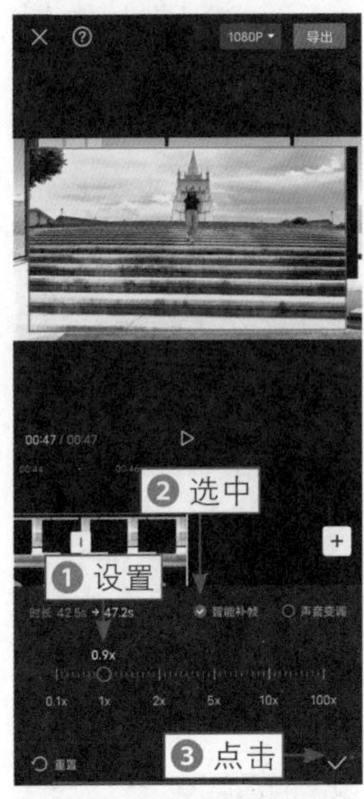

图 10-26　点击相应的按钮（2）

图 10-27　点击“导出”按钮

★ 专 家 提 醒 ★

为了更好地制作片头效果，导出视频可以为后面的定格操作提供更多的便利。

10.1.4　添加片头和贴纸效果

扫码看教学视频

给数字人视频添加片头和贴纸效果，不仅可以突出视频的主题、装饰画面，同时还可以增加互动，吸引更多人的关注。下面介绍添加片头和贴纸效果的操作方法。

步骤 01 在剪映中导入刚才导出的视频素材，❶选择视频素材；❷点击“定格”按钮，如图10-28所示。

步骤 02 定格画面，在一级工具栏中点击“文字”按钮，如图10-29所示。

步骤 03 在弹出的二级工具栏中点击“文字模板”按钮，如图10-30所示。

步骤 04 弹出相应的面板，❶在“片头标题”选项卡中选择一款文字模板；❷更改文字内容；❸调整文字的位置；❹点击✓按钮，如图10-31所示。

步骤 05 调整文字素材和定格素材的时长，使其都为2.0s，如图10-32所示。

步骤 06 ❶拖曳时间轴至视频的末尾位置；❷点击+按钮，如图10-33所示。

图 10-28　点击“定格”按钮

图 10-29　点击“文字”按钮

图 10-30　点击“文字模板”按钮

图 10-31　点击相应的按钮

图 10-32　调整素材的时长

图 10-33　点击相应的按钮

步骤 07 ❶切换至“素材库”选项卡；❷在“片尾”选项卡中选择一段视频素材；❸选中“高清”复选框；❹点击“添加”按钮，如图10-34所示。

步骤 08 ❶拖曳时间轴至视频的起始位置；❷在一级工具栏中点击“贴纸”按钮，如图10-35所示。

图 10-34　点击“添加”按钮

图 10-35　点击“贴纸”按钮

步骤 09 ❶在搜索栏中输入并搜索“录制边框”；❷在搜索结果中选择一款贴纸，如图10-36所示。

步骤 10 ❶调整贴纸的画面大小和位置；❷调整贴纸的时长，使其末尾与数字人素材的末尾对齐，如图10-37所示。

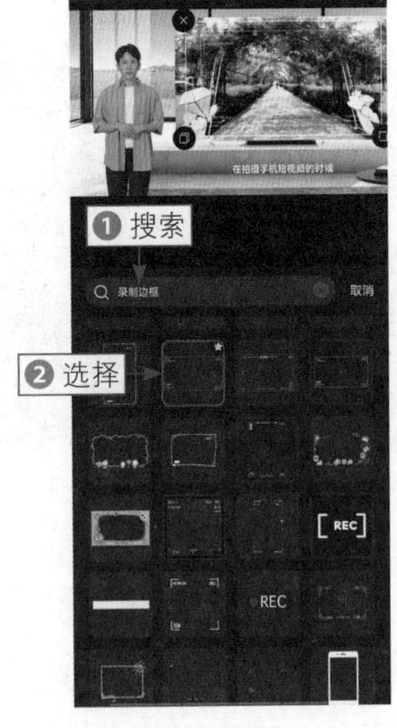

图 10-36　选择一款贴纸

图 10-37　调整贴纸的时长

10.1.5　添加背景音乐

扫码看教学视频

给数字人视频添加背景音乐，可以提升视频的感染力和观看体验。下面介绍添加背景音乐的操作方法。

步骤 01 在剪辑界面中点击“音频”按钮，如图10-38所示。

步骤 02 在弹出的二级工具栏中点击“提取音乐”按钮，如图10-39所示。

步骤 03 ❶选择视频素材；❷点击“仅导入视频的声音”按钮，如图10-40所示。

步骤 04 添加背景音乐，❶选择音频素材；❷点击“音量”按钮，如图10-41所示。

步骤 05 设置“音量”参数为20，降低背景音乐的音量，如图10-42所示。

图 10-38　点击“音频”按钮

图 10-39　点击“提取音乐”按钮

图 10-40　点击相应的按钮

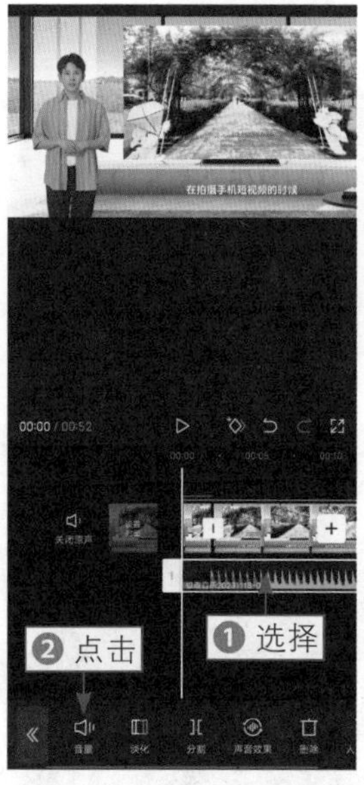

图 10-41　点击“音量”按钮

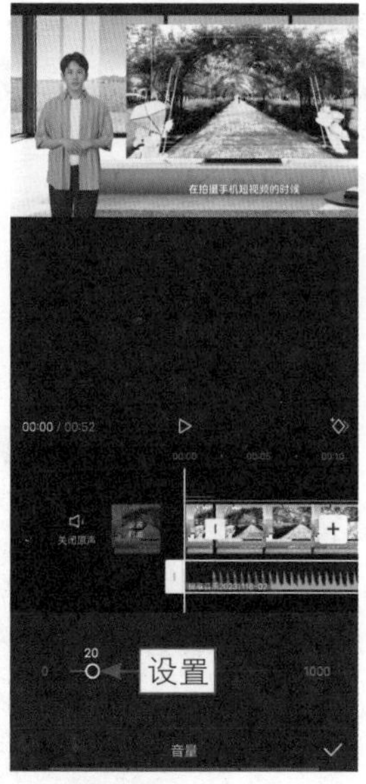

图 10-42　设置“音量”参数

10.2　用剪映电脑版制作 AI 数字人视频

【效果展示】：除了可以在剪映手机版中制作数字人视频，还可以在剪映电脑版中制作。本节将为大家介绍如何使用剪映电脑版制作AI数字人视频，最终效果如图10-43所示。

图 10-43　效果展示

10.2.1　添加背景素材

扫码看教学视频

数字人素材的背景一般都是黑色的，为了让画面更美观，可以为视频添加其他颜色或样式的背景素材。下面介绍添加背景素材的操作方法。

步骤 01 打开剪映电脑版，在首页单击“开始创作”按钮，如图10-44所示。

图 10-44　单击“开始创作”按钮

步骤02 在“媒体”|“本地”选项卡中，单击“导入”按钮，如图10-45所示。

步骤03 弹出“请选择媒体资源”对话框，❶按【Ctrl+A】组合键，全选所有的素材；❷单击“打开”按钮，如图10-46所示。

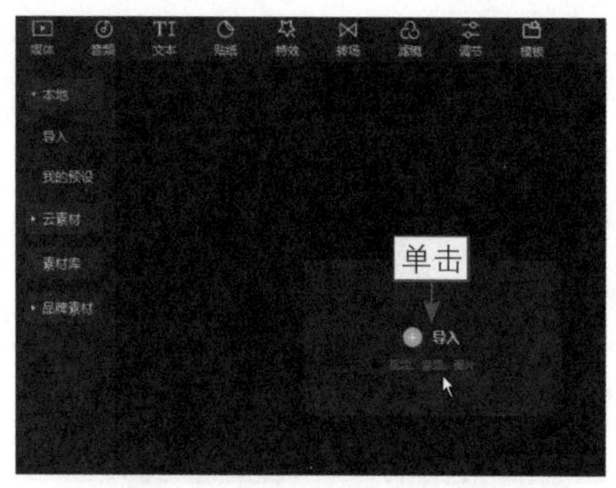

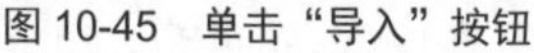
图 10-45　单击“导入”按钮

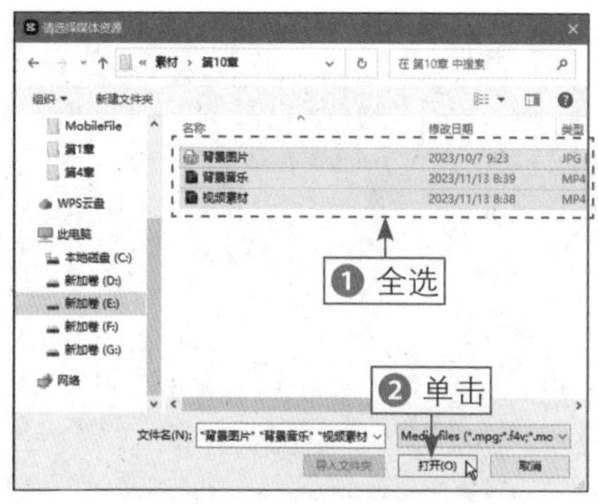

图 10-46　单击“打开”按钮

步骤04 导入素材后，单击背景图片素材右下角的“添加到轨道”按钮，如图10-47所示。

步骤05 把背景图片素材添加到视频轨道中，如图10-48所示。

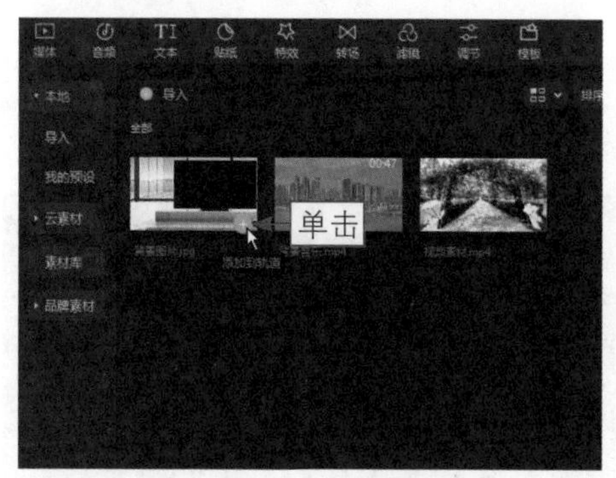

图 10-47　单击“添加到轨道”按钮

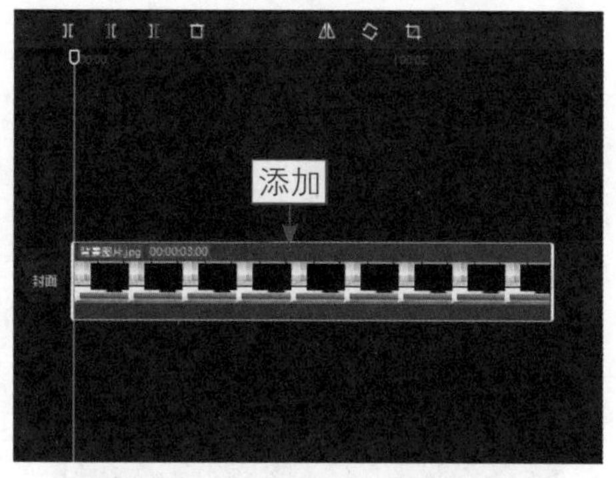

图 10-48　把素材添加到视频轨道中

10.2.2　添加数字人素材

扫码看教学视频

在添加数字人素材的时候，我们可以使用智能文案功能生成讲解文案，再制作数字人素材。不过需要注意的是，即使是相同的提示词，剪映每次生成的视频文案也不一样，后续步骤根据具体情况进行变动即可。下面介绍添加数字人素材的操作方法。

步骤 01 ❶单击“文本”按钮，进入“文本”功能区；❷单击“默认文本”右下角的“添加到轨道”按钮，如图10-49所示，添加文本。

步骤 02 在“文本”操作区中，❶单击“智能文案”按钮；❷输入“写一篇手机短视频运镜技巧的文章，300字左右”；❸单击按钮，如图10-50所示。

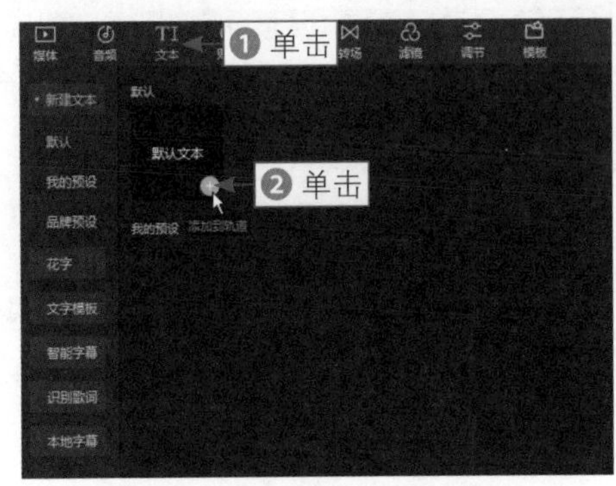

图 10-49　单击“添加到轨道”按钮

图 10-50　单击相应按钮

步骤 03 稍等片刻，即可生成文案内容，单击“确认”按钮，如图10-51所示。

步骤 04 ❶选择“默认文本”；❷单击“删除”按钮，如图10-52所示。

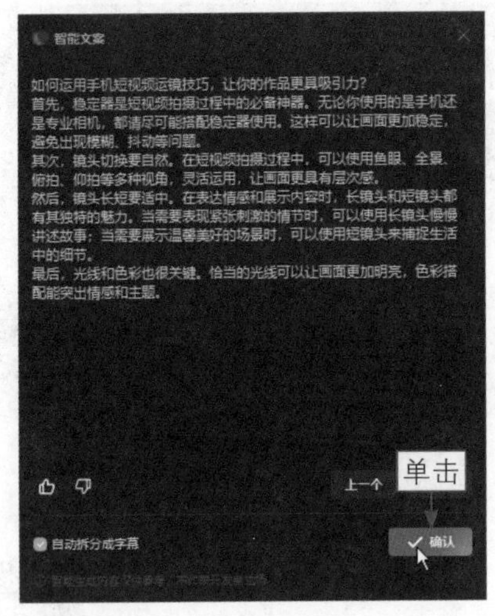

图 10-51　单击“确认”按钮

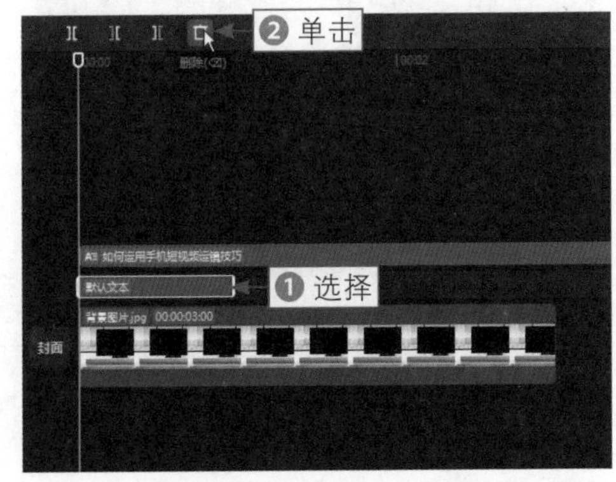

图 10-52　单击“删除”按钮

步骤 05 全选文字素材，❶选择字体；❷设置“字号”参数为6，如图10-53所示。

步骤 06 ❶切换至“花字”选项卡；❷选择一款花字样式，如图10-54所示。

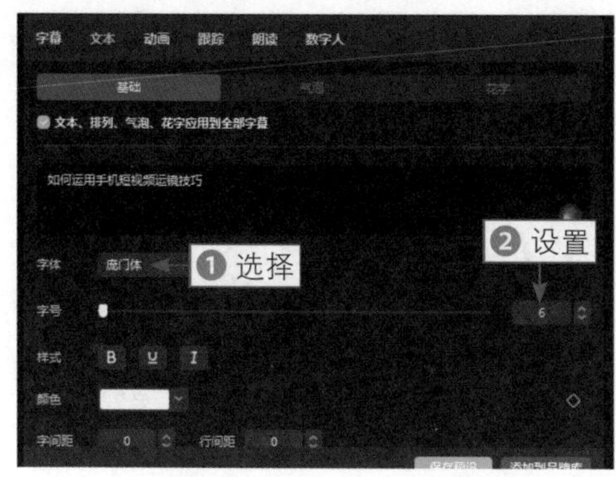

图 10-53　设置“字号”参数

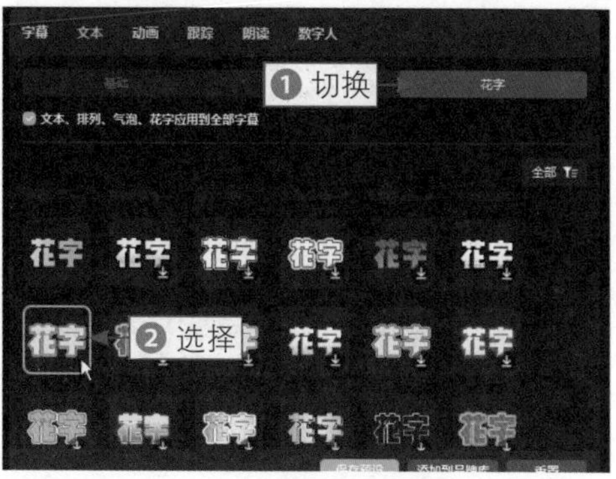

图 10-54　选择一款花字样式

步骤 07 ❶切换至“数字人”操作区；❷选择“小铭-专业”选项；❸单击“添加数字人”按钮，如图10-55所示。

步骤 08 稍等片刻，即可生成数字人素材，调整文字和数字人素材在画面中的位置，使文字处于画面下方，数字人素材处于画面左侧，如图10-56所示。

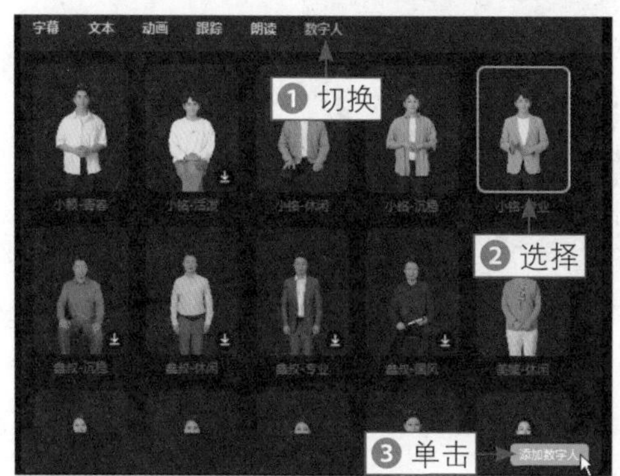

图 10-55　单击“添加数字人”按钮

图 10-56　调整数字人素材在画面中的位置

10.2.3　添加运镜视频

扫码看教学视频

本案例的视频主题是“手机短视频运镜技巧”，所以需要添加与运镜有关的视频素材，并调整其画面位置。下面介绍添加运镜视频的操作方法。

步骤 01 在“媒体” | “本地”选项卡中，选择视频素材，如图10-57所示。

步骤 02 把视频素材拖至第2条画中画轨道中，如图10-58所示。

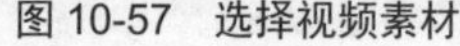

图 10-57　选择视频素材

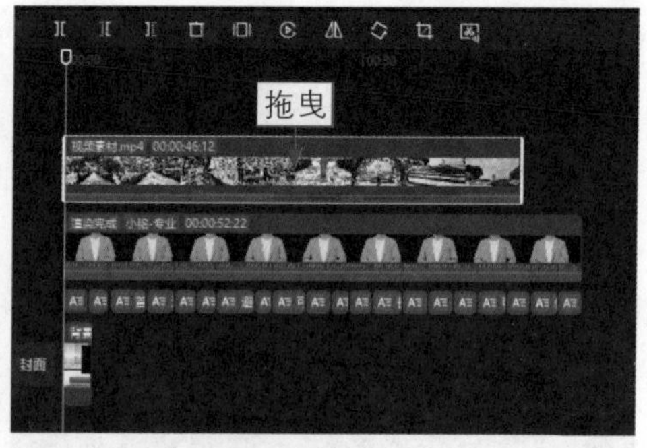

图 10-58　把视频素材拖曳至第 2 条画中画轨道中

步骤 03 ❶切换至“音频”操作区；❷在“基础”选项卡中，设置“音量”参数为-∞dB，将视频静音，如图10-59所示。

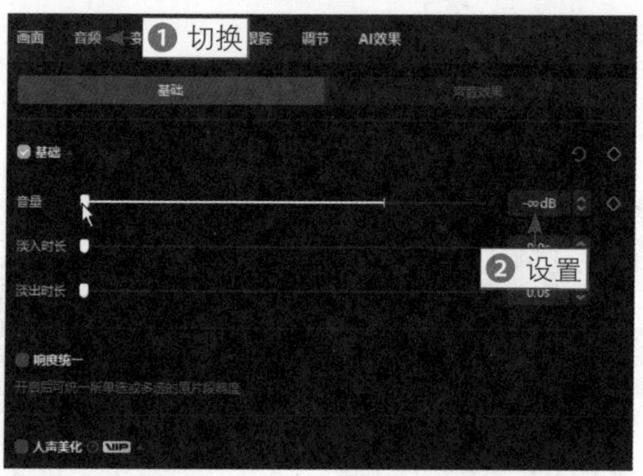

图 10-59　设置“音量”参数

步骤 04 ❶切换至“变速”操作区；❷在“常规变速”选项卡中，设置“时长”参数为52.8s，增加视频的时长，如图10-60所示。

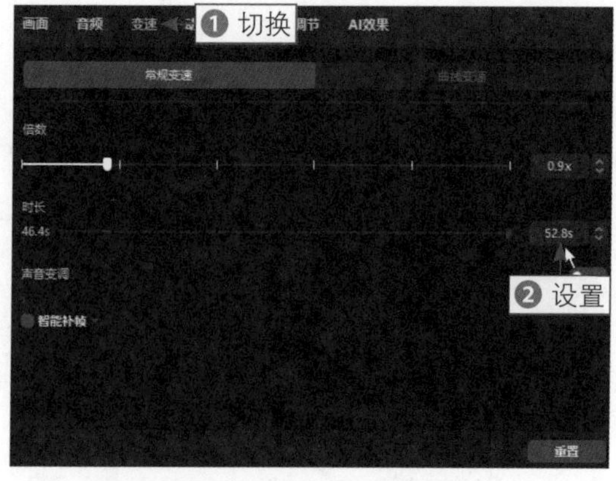

图 10-60　设置“时长”参数

步骤05 ❶调整第2条画中画轨道中运镜视频素材的时长，使其末尾与数字人素材的末尾对齐；❷调整视频轨道中背景图片素材的时长，使其末尾与数字人素材的末尾对齐，如图10-61所示。

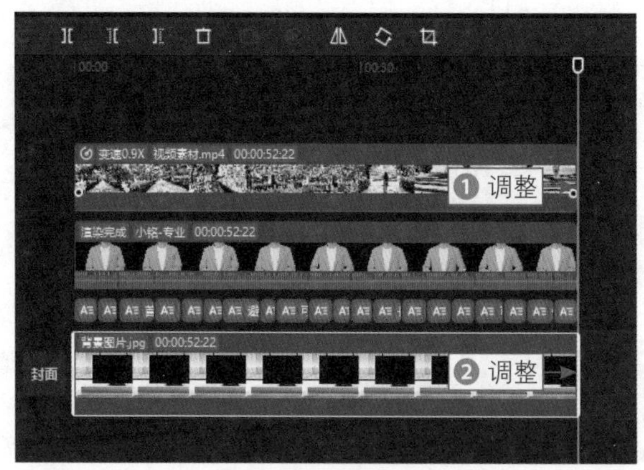

图 10-61　调整素材的时长

步骤06 选择第2条画中画轨道中的运镜视频素材，在"播放器"面板中调整其画面大小和位置，如图10-62所示。

图 10-62　调整素材的画面大小和位置

10.2.4　添加贴纸和片尾效果

扫码看教学视频

为了让视频画面看起来更加有趣且不单调，可以为视频添加合适的边框贴纸素材，让视频更有拍摄感；还可以在"素材库"面板中，为视频添加片尾素材。下面介绍添加贴纸和片尾效果的操作方法。

步骤 01 在视频的起始位置，❶单击“贴纸”按钮，进入“贴纸”功能区；❷在搜索栏中输入并搜索“录制边框”；❸单击所选贴纸右下角的“添加到轨道”按钮，如图10-63所示，添加贴纸。

步骤 02 调整贴纸的时长，使其与数字人素材的时长一致，如图10-64所示。

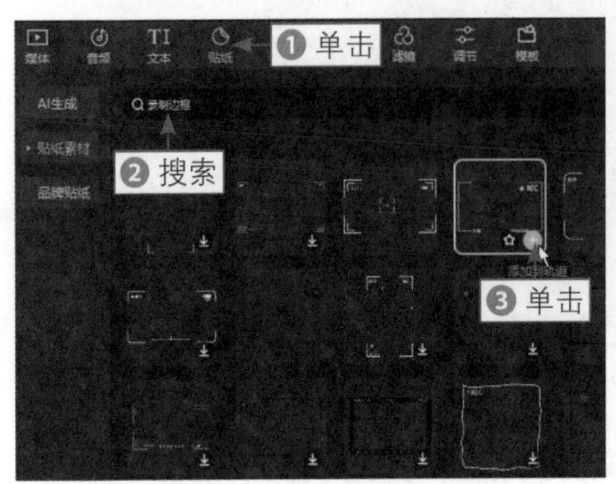

图 10-63　单击“添加到轨道”按钮（1）

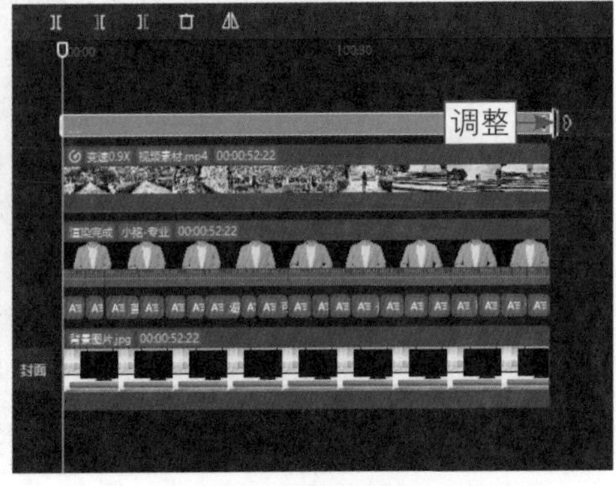

图 10-64　调整贴纸的时长

步骤 03 在“播放器”面板中调整贴纸的画面大小和位置，如图10-65所示。

步骤 04 拖曳时间轴至视频的末尾，❶单击“媒体”按钮，进入“媒体”功能区；❷切换至“素材库”|“片尾”选项卡；❸单击所选素材右下角的“添加到轨道”按钮，如图10-66所示，为视频添加片尾素材。

图 10-65　调整贴纸的画面大小和位置

图 10-66　单击“添加到轨道”按钮（2）

10.2.5　添加视频背景音乐

扫码看教学视频

为了让视频显得不那么“干”，可以在剪映的音乐曲库中，为视频添加合适的音乐素材。下面介绍添加背景音乐的操作方法。

步骤01 在视频的起始位置，❶单击“音频”按钮，进入“音频”功能区；❷切换至“音乐素材”|“纯音乐”选项卡；❸单击所选音乐右下角的“添加到轨道”按钮，如图10-67所示，添加音乐。

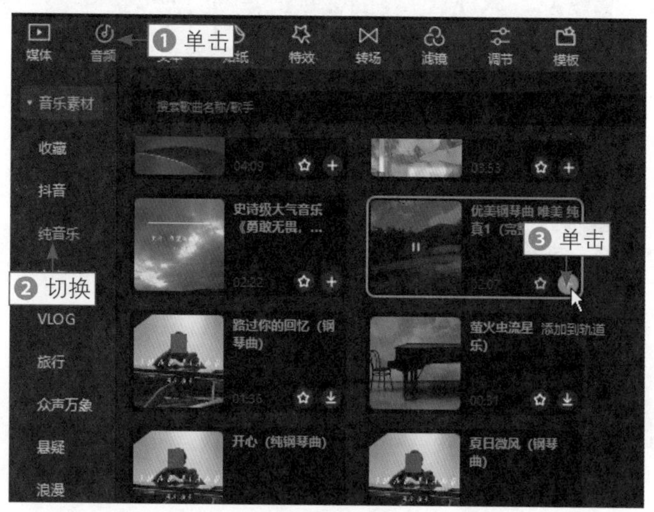

图10-67 单击“添加到轨道”按钮

步骤02 ❶选择音频素材；❷拖曳时间轴至数字人素材的末尾；❸单击“向右裁剪”按钮，如图10-68所示，分割并删除右侧多余的音频素材。

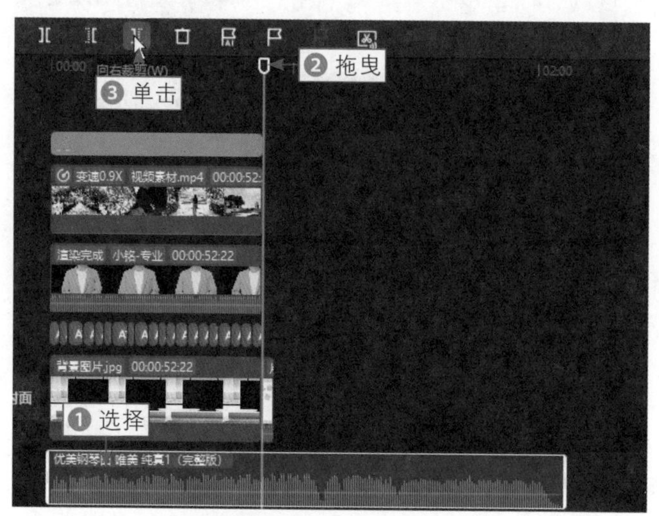

图10-68 单击“向右裁剪”按钮

步骤03 在“基础”操作区中，❶设置“音量”参数为-15.5dB，降低背景音乐的音量；❷单击“导出”按钮，如图10-69所示。

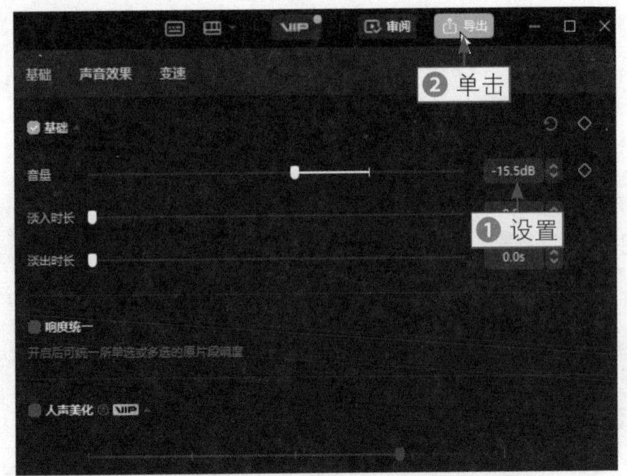

图 10-69　单击“导出”按钮（1）

步骤 04 弹出“导出”对话框，❶输入“标题”内容；❷单击“导出至”右侧的按钮，设置视频的保存路径；❸单击“导出”按钮，如图10-70所示，导出视频。

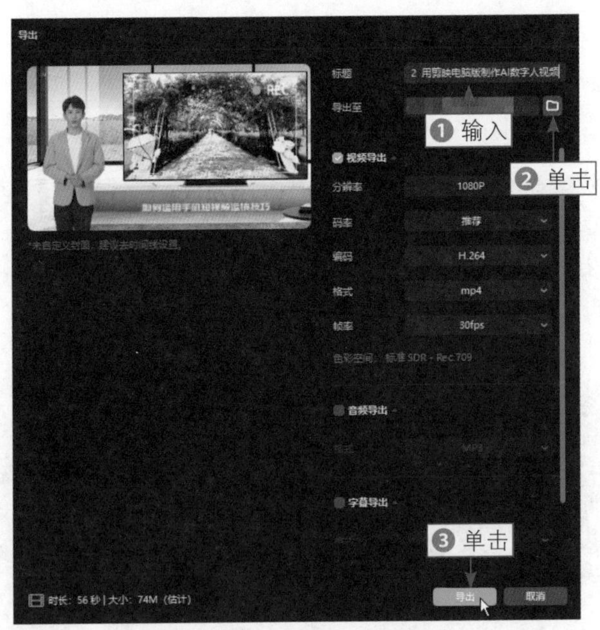

图 10-70　单击“导出”按钮（2）